中国传统技术的新认知

张柏春 主编

探索机巧
——中国传统机关锁

萧国鸿 著

山东教育出版社

·济南·

图书在版编目（CIP）数据

探索机巧：中国传统机关锁 / 萧国鸿著 . — 济南 ：
山东教育出版社，2022.12
（中国传统技术的新认知 / 张柏春主编）
ISBN 978-7-5701-2403-9

Ⅰ. ① 探…　Ⅱ. ① 萧…　Ⅲ. ① 锁具—研究—中
国　Ⅳ. ① TS914.211

中国版本图书馆CIP数据核字（2022）第234120号

ZHONGGUO CHUANTONG JISHU DE XIN RENZHI

TANSUO JIQIAO
——ZHONGGUO CHUANTONG JIGUAN SUO

中国传统技术的新认知　　　　　　　　　　　　张柏春/主编

探索机巧
——中国传统机关锁　　　　　　　　　　　　　萧国鸿/著

主管单位：山东出版传媒股份有限公司
出版发行：山东教育出版社
　　　　　地址：济南市市中区二环南路2066号4区1号　　邮编：250003
　　　　　电话：（0531）82092660　　网址：www.sjs.com.cn
印　　刷：山东临沂新华印刷物流集团有限责任公司
版　　次：2022年12月第1版
印　　次：2022年12月第1次印刷
开　　本：787毫米×1092毫米　1/16
印　　张：11.75
字　　数：216千
定　　价：88.00元

（如印装质量有问题，请与印刷厂联系调换）印厂电话：0539-2925659

总序

近百年来，特别是20世纪50年代学科建制化以来，中国科学技术史学家整理和研究中华科技遗产，认真考证史实与阐释科技成就，强调新史料、新观点和新方法，构建科技知识的学科门类史，在许多领域都做出开创性的工作，取得了相当丰厚的学术成果，其代表作如中国科学院自然科学史研究所牵头组织撰写的26卷本《中国科学技术史》，以及反映多年专题研究成果的天文学史、数学史、物理学史、冶金史、建筑史、化工史、传统工艺史等具有里程碑意义的学科史丛书和专著。然而，未知仍然远多于已知，学术研究无止境。仅在中国古代科技史领域就有许许多多尚未认知透彻的问题和学术空白，以至于一些学术纷争长期不休。

近些年来，随着文献的深入解读、新史料的发现、新方法的运用，学界持续推进科技史研究，实现了一系列学术价值颇高的突破。我们组织出版这个系列的学术论著，旨在展现科技史学者在攻克学术难题方面取得的部分新成果。例如，郑和宝船属于什么船型？究竟能造出多大的木船？这都是争论已久的问题。2011年武汉理工大学造船史研究中心受自然科学史研究所的委托，以文献记载和考古发现为基本依据，对郑和宝船进行复原设计，并且运用现代船舶工程理论做具体的仿真计算，系统地分析所复原设计的宝船的尺度、结构、强度、稳性、水动力性能、操纵性和耐波性等，从科学技术的学理上深化我们对宝船和郑和下西洋的认识，为宝船的复原建造提供科学依据。这称得上一个重要的方向性突破，其主要成果是蔡薇教授和席龙飞教授等合著的《跨洋利器——郑和宝船的技术剖析》。

除了宝船的设计建造，郑和船队还使用了哪些技术保证安全远航？下西洋给中国航海技术带来怎样的变化？自然科学史研究所陈晓珊研究员以古代世界航海技术发展为背景，分析郑和下西洋的重要事件及相关航海技术的变化和来源，指出下西洋壮举以宋元以来中国航海事业的快速发展为基础，船队系统地吸收了当时中外先进的航海技术，其成果又向中国民间扩散，促成此后几个世纪里中国航海技术的基本格局。这项研究成果汇集成《长风破浪——郑和下西洋航海技术研究》，这部专著与《跨洋利器——郑和宝船的技术剖析》具有互补性。

指南针几乎成了中国古代发明创造的一个主要标志。1945年，王振铎先生提出的"磁石勺－铜质地盘"复原方案在学术界和社会上影响很广。然而，学术界一直在争议何时能制作出指南针、古代指南针性能如何、复原方案是否可行等问题。有学者质疑已有的复原方案，但讨论主要限于对文献的不同解释，少有实证分析。2014年自然科学史研究所将"指南针的复原和模拟实验"选为黄兴的博士后研究课题。他将实验研究与文献分析相结合，通过模拟实验证实：从先秦至唐宋，中国先贤能够利用当时的地磁环境、资源、关于磁石的经验知识和手工艺，制作出具有良好性能的天然磁石指向器。这项突破性成果被整理成《指南新证——中国古代指南针实证研究》，为消解学术争议提供了坚实的科学依据。

北宋水运仪象台被李约瑟（Joseph Needham）先生赞誉为世界上最早的带有擒纵机构的时钟。关于苏颂的《新仪象法要》及其记载的水运仪象台，学者们做出了各自的解读，提出了不同的复原方案。有的学者甚至不相信北宋曾制作出能够运转的水运仪象台。其实，20世纪90年代，水运仪象台复原的重要问题已经解决，也成功制作出可以运转的实用装置。在颜鸿森教授指导下，林聪益先生于2001年在台南的成功大学机械工程系完成了他的博士论文——《水运时转——中国古代擒纵调速器之系统化复原设计》。该文提出古机械的复原设计程序，并借此对北宋水运仪象台的关键装置（水轮-秤漏-杆系式擒纵机构）做系统的机械学分析，得出几种可能的复原设计方案，为复原制作提供了科学依据。

锁是在各文明中都不可或缺的一类日用技术，凝聚着能工巧匠们的巧思和技艺。机关锁主要靠结构精巧的机构实现锁门、锁箱柜等功能。中国制作机关锁的历史悠久，形成了独特的制锁技术传统。刘仙洲、李约瑟等先生对中国历史上的机关锁都做过研究。颜鸿森先生自1986起收藏中国古机关锁，并对其进行系统的机构学分析，出版了《古早中国锁具之美》等论著。在颜鸿森教授的指导下，萧国鸿先生在成功大学机械工程系也以机械史论文获得博士学位，之后继续研究机械史。萧先生近些年为古锁的研究、展览和交流做了大量工作，同时撰写了《探索机巧——中国传统机关锁》，这部书对中国古代机关锁做了迄今最为彻底的技术阐释，是机械史专题研究的又一力作。

宝船仿真设计、下西洋航海技术、指南针模拟实验研究、擒纵机构复原设计和古机关锁研究等新成果丰富了我们对中国科学技术传统和中华文明演进的认知，并为将来重构科技史做学术积累。在此，我们将它们推荐给学术界和广大读者，以促进学术交流，敬请大家不吝赐教。

张柏春

2022年11月16日

于中国科学院北京中关村基础科学园区

序一

人类自从有私产观念之后，便发明了锁具。绳结是最早的原型锁具，木锁为初始的具体锁具，古罗马人设计出早期的西洋金属锁。中国的木锁，出现于仰韶文化时期；金属锁具则始于西周，主要为挂锁（Padlock）。另，中国古锁虽兼具工艺、文化及艺术内涵，然在众多的收藏文物中地位卑微，少有藏家以古锁为寻觅对象，亦鲜有学者以古锁为研究主题。古锁在科技层面，是独树一格的工艺品；在文化层面，是民俗文化的瑰宝；在学术层面，则是值得收藏与研究的文物。

我于1980年在美国普渡（Purdue）大学获得博士学位后，即返台在成功大学机械系任教；2021年70岁届龄退休后，受聘为成功大学名誉讲座，并担任大叶大学代理校长迄今。1986年11月，开始以中国古锁为搜藏嗜好的标的物，并在台北火车站附近的地摊买下了第一把古铜锁。其后4年期间，我对锁具的搜集是本着相逢自是有缘的心态，并无特定的目标与计划。直到1990年9月首次应邀前往上海讲学访问时，在友谊商店购买了一把看似不起眼、清朝光绪年间的挂锁，回到台湾后，居然无法立即将钥匙插入明显且不小的锁孔，顿时激发了好奇心，探讨此迷宫锁（Puzzle lock）后了解到开锁的机械原理，简单中隐藏着古代工匠的设计巧思。从此以后，我对古代挂锁情有独钟，每每利用公出闲暇，访遍了国内外不少城乡的古董店、古玩街、旧货摊、跳蚤市场，甚至大街小巷购买古锁，参观欧美各国的锁具博物馆/展示室，拜访收藏家，也出席了在东京举办的2001年国际谜题派对（International Puzzle Party，简称IPP）。

在参访的过程中，我深深感受到，西方国家有专业人士与机构，针对古代的锁具，耐心地搜集与保存、尽心地研究与出版、用心地展示与推广。中国的历史虽悠久，但有关锁具的文献记载、实物保存及展示推广，却相当贫乏。2002年以前，我所获得的资料，大多是媒体访问藏友行家的报导性文章。本着学者的好奇心与研究精神，我于1990年开启了研究之路。1998年10月，我在北京发表了首篇学术会议论文"On the Characteristics of Ancient Chinese Locks（中国古早锁的特征）"[9]；1999年（中文版）和2003年（中英文版）在台南出版了首册专书《古早中国锁具之美》（*The Beauty of Ancient Chinese Locks*）；1999年7月，在成功大学首次公开展示藏品。2004年，在 Mechanism and Machine Theory 国际期刊发表了首篇SCI论文"Design Considerations of Ancient Chinese Padlocks with Spring Mechanisms"[11]后，虽有心对机关锁的机理进行深入研究，然碍于研究人力未能如愿。

2002年5月，我就任科学工艺博物馆（高雄）馆长后，对于博物馆的营运与资源及物件的搜藏与研究，有了深刻的体验与全盘的认知，渐渐了解到，以个人的理念及资源建置锁具博物馆，让藏品的生命有效率地延续茁壮、让古锁的美丽有系统地与公众分享，困难度是相当高的。因此，2002年11月起，每次有机会在国内外演讲或开会时，皆公开声明要将搜藏的锁具捐赠出去，理念是希望受赠者让古锁的生命力永续地发光发亮。2011年1月8日，在莺歌陶瓷博物馆（台北）出席博物馆学会年会时，科学工艺博物馆的陈训祥馆长，正式提出邀请，希望我将搜藏的锁具捐给该馆，在说明后续的配套措施后，包括将招聘一位研究人员主责锁具工作，2012年3月起，我将锁具逐批捐赠给该馆。

　　此书作者萧国鸿博士在我的指导下，先后于1998年、2007年在成功大学机械系获得硕士、博士学位，博士论文题目为《张衡地动仪感震机构之系统化复原设计》。2007—2011年期间，他留在我的研究团队担任博士后研究员，参与有关《古中国书籍插图之机构》的研究与编写，尤其是古中国弩（十字弓）。就这样，他因缘际会地于2011年获聘为科学工艺博物馆的助理研究员，发表了不少有关中国锁具的论文，一步一脚印地升为副研究员、研究员。另，为人笃实、做事踏实、治学确实的国鸿，在中华古机械文教基金会全体董事的支持下，天时地利人和地于2022年2月接任了董事长要职。2022年3月国鸿来电，希望我为此书写序，当下答应，并排除万难，安排时间阅读、撰写。

　　此书首先系统化地论述中国古锁的构造特征与类型，以及锁具发展史。接着，说明了开放式、隐藏式、堵塞式锁孔锁具的机械原理、开启方式及诸多案例。其后，介绍了琳琅满目，具地方、地区、时代特色之湖北岳口锁、山西锁、湖南锁，对古代锁具文化资产的保存深具意义，也弥补了中国古代机关锁的历史文化空白。

　　很高兴为此书写序言，很高兴我捐赠到科学工艺博物馆的锁具起了作用，更高兴有关中国古锁的学术研究，尤其是对与机械具高度关联性的机关锁的研究，后继得人。另，此书的最后一章（第十章），介绍了科学工艺博物馆团队对于锁具的投入，除了中规中矩（鉴古证今）地展示说明外，亦推陈出新（旧为今用）地推广科普教育，更是洞见未来（温故知新）地开发文创商品。

期待此书的出版，启发更多博物馆工作人员、学者、专家，甚至大众对古锁文物的兴趣，从而投入古代锁具的搜集、保存、研究、展示、教育、出版，开发文创产业，美化人生，提升全民文化水平。

颜鸿森（Hong-Sen Yan）

大叶大学代理校长

成功大学机械系名誉讲座

中华古机械文教基金会创办人

2022年4月29日于台南

序二

　　我和我的妻子张卫是萧国鸿博士的好朋友，在过去的十年里，一直以同事的身份与他合作。现在我们很荣幸地向读者介绍他的新书《探索机巧——中国传统机关锁》。

　　1997年，我与张卫开始收集和研究中国传统智巧器具，当时张卫的妹妹给了她一把有两个锁孔和两把钥匙的中国古代黄铜锁。要打开这把锁，必须先将一把钥匙插入上方的锁孔，轻推钥匙向前，压缩锁体内部的一对簧片，使锁栓向前移动大约一厘米。接下来，取出这把钥匙，将另一把钥匙插入下方的锁孔，再向前推动钥匙，压缩另一对较短的簧片，才可完全释放锁栓，完成开锁。对于需要两把钥匙依序使用才能打开的锁具而言，应该先使用哪一把钥匙？先插进哪个锁孔？插入时应该将钥匙齿销朝上还是朝下？这些问题都会让人费些心思。张卫妹妹的礼物是我们收藏的第一把机关锁，之后我们就开始寻找更多的机关锁。

　　在我们收藏的初期，中国传统机关锁的价格便宜，各种尺寸和形状应有尽有，种类也相当多样，主要有组合锁和簧片锁两种，材料方面则有铁、黄铜、白铜（加镍变白的黄铜），或是银制成的锁。有些锁上锤印或刻有工匠的款名，有些锁体则是装饰着吉祥的图案或词语。有些带有开放式锁孔的机关锁，需要以特定的方式才能将钥匙插入锁孔，有些则是以巧妙的方式将锁孔隐藏起来，必须先找到锁孔，才能开锁。我们收藏的机关锁之数量与类型都迅速增加，把玩与探索新发现的不同形式机关锁更是我们的兴趣。

　　2001年，我们拜访台湾成功大学机械工程学系颜鸿森教授，他向我们展示他收藏的中国传统锁具，并赠送一本他的新书《古早中国锁具之美》，这是古锁领域第一本研究专著。2013年，我们北京的朋友，中国科学院自然科学史研究所苏荣誉教授，让我们联系台湾科学工艺博物馆（简称科工馆）的萧国鸿，接下来的一个月，我们第一次见到了国鸿并参加了颜教授将其藏锁捐赠给科工馆的仪式。原来，国鸿是颜教授的工科学生，在颜教授指导之下取得硕士与博士学位，后来又到博物馆进行中国古代机械与锁具的研究。在国鸿的努力之下，科工馆扩大了锁具的展览规模，并增加了展示锁具内部工作原理的视频动画以及提供观众可以动手操作和互动的模型教具。

国鸿对中国传统机关锁特别感兴趣，2015年他和我们一起去了湖北和山西的古老锁具生产中心，包括湖北省的岳口镇，那里曾是清朝晚期中国生产最优质黄铜机关锁与组合锁的地区。次年，我们一起前往湖南省的常德和桃源，那里在20世纪上半叶生产了各式各样精巧的黄铜锁。在这些旅行中，我们收集老年居民和退休锁匠的口述历史、历史文献及古代机关锁，增加我们艺智堂的收藏。

2015年与2018年，国鸿两次到伯克利拜访我们，研究我们收藏的300把中国传统机关锁，并拍摄本书中出现的许多照片。我们还花了很长时间讨论如何分门别类整理种类多样之机关锁的最佳方法。除了与我们合作之外，国鸿还与台湾和大陆的其他古锁收藏家合作并获得了宝贵的知识。国鸿是一位尽职尽责的博物馆研究员，也是一位博雅之士，渴望学习和探索，对博物馆参观者有着无尽的耐心。他也是一个爱家的男人，在高雄、北京及伯克利的多次聚会中，给我们留下美好的回忆。

萧博士在锁具领域的独特贡献在于他从机械工程的角度对机关锁进行了分析，并将他的锁具研究论文发表在众多国际学术期刊上，让世界上更多的人可以一窥中国传统锁具的奥妙。萧博士提炼了他的知识，并以一种外行人容易理解的形式撰写本书，除了探讨锁具的历史与生产过程之外，还提供各类锁具详细的操作说明及可透视内部构造的开锁步骤图像。《探索机巧——中国传统机关锁》是第一本专门探讨中国传统机关锁主题的书籍，我们自豪地推荐这本书给有兴趣探索这个迷人主题的读者与藏家。

雷彼得（Peter Rasmussen）

艺智堂收藏创办人

中国传统益智游戏基金会创办人

《趣玩I：中国传统益智游戏》《趣玩II：中国传世智巧器具》作者

（以上两本书联合作者：张卫、刘念）

2021年11月14日于美国加州伯克利

自 序

在现今网络发达的时代，到处充斥着各种电子产品，很多人使用手机或计算机玩游戏看影片，作为娱乐、比赛或是消遣时间。然而，在没有电子产品与因特网的古代，人们已经开始设计制作各种类型的益智游戏与玩具器物，用于把玩交流或是空暇时间的休闲娱乐。其中，中国传统机关锁同时具备娱乐、益智、安全防护等多种功能，更是古代市井小民、文人雅士、王公贵族游戏把玩与炫耀交流的益智玩具。常有某人某日拿出一把需要数个步骤才能开启的精巧机关锁供亲朋好友把玩，旁人看了之后，回头找锁匠讨论，重新研究设计制作出一把开锁步骤更加复杂的机关锁。传统机关锁就在这样不断地交流传播与把玩研究之下，被设计开发出更多与众不同的构造形式，它是民俗文化的瑰宝亦是古代匠人的智慧结晶，具有极高的保存与研究价值，但在不受重视之下，现存古代传统机关锁的数量逐渐减少，且损坏与散失的速度日益加快。

中国传统机关锁类型多样，开锁方式千变万化且富含益智与游戏的效果，在世界锁具发展史中，有着明显的特殊风格及强烈的辨识度。本书通过大量收集与分析现存的中国传统机关锁撰写而成，其内容可以作为研究传统锁具的攻略指南，亦是发扬与转化传统工艺技术的参考文献。本书首先介绍中国传统锁具的构造特征与类型，简要探讨中西方锁具的发展历程及其相互影响，提出一套机关锁分门别类的方法，有系统地介绍开放式、隐藏式、堵塞式锁孔等三种不同类型机关锁的开启步骤，并以湖北、山西、湖南等地区的锁具为例，说明不同地域的锁具特色与类型。最后从博物馆的功能与角度，探讨传统锁具应用于展示陈列、科普教育、自制教案教具及文创商品开发的实际应用案例，为其他类型之传统工艺文物的保护与开发提供另一个崭新方向，进一步转化并推广老物品与传统技术，使其生命力可以衍生再应用。

　　本书可以顺利完成，多位教授与先进前辈帮助甚多，在此表达深切的谢意。颜鸿森教授是作者硕士与博士的指导教授，1998年发表全世界首篇中国古锁学术论文，开辟古锁研究领域及创办中华古机械文教基金会（台南，ACMCF），收集各种类型的古锁并且无偿捐赠给科学工艺博物馆（高雄，简称科工馆，NSTM）；雷彼得（Peter Rasmussen）与张卫夫妇投入锁具研究与收藏逾二十年，创立艺智堂收藏（美国，Yi Zhi Tang Collection），提供各种资源并协助支持本书的撰写；陈训祥馆长将锁具定为科工馆重要的发展方向，支持开发锁具展示、科教及文创等多元内容；张柏春教授长久以来提携，开启优质的丛书系列，提供本书出版的机会。作者还要感谢林仲一主任、苏荣誉教授、孙烈教授、黄馨慧教授、Martina Pall馆长、周伟馆长、安海副研究员、林宽礼总经理、林建良博士、石侃博士、张扬博士、刘念女士、施胜中先生及胡庭荣先生的支持与协助。此外，本书受到谢尔收藏（奥地利，Schell Collection）、江西仙盖山古锁馆、江西抚州古木锁博物馆，以及郑天赐总经理、熊文义先生、王喜全先生、沈志军先生、秦永刚先生、袁志平先生、吴启胜先生、沈玉奎先生、钟雷平先生、赵源先生、杨秀廷先生、陈宝龙先生、尹志先生及李江先生提供藏品与咨询，使本书的内容更为丰富完整。再者，本研究承蒙台湾科技部门专题研究计划（编号MOST 106-2221-E-359-001与110-2511-H-359-002）于经费上之补助与支持，得以顺利完成，特此致谢。最后，特别感谢妻子与两位可爱女儿长久以来的支持与鼓励。

本书可用于学校关于古代（中国）传统工艺技术通识课程之教科书和补充资料，亦是开启传统工艺技术、锁具研究、现代科普教育与文创商品链接的钥匙。作者相信本书可以满足博物馆研究人员与学者藏家对于传统工艺文物在收藏研究、展示教育，以及科普教育课程推广的需要。最后，尚祈各界读者赐予指教，俾得于再版时补正以臻完善。

萧国鸿（Kuo-Hung Hsiao）

台湾科学工艺博物馆（NSTM）研究员

高雄科技大学模具系兼任教授

中华古机械文教基金会董事长

2022 年 4 月 18 日于高雄

目 录

第一章

绪 言

锁与钥匙是现代人日常生活的必需品，锁具是随着人类对于安全感的追求而衍生出来的机械装置，广泛地用来捍卫人们的安全与隐私，并且关系到人类的生活、生命及生死。随着社会的变迁与科技的进步，锁具的功能与安全性越加完备，其设计与制作工艺也是日新月异。

由于人们对于功能和安全的要求日渐提升，锁具的构造由单一机件的闩杆，发展成为由多种机件组合而成的机械装置，锁具的外形由硕大粗制改良为小巧精致，锁具的作用也由防卫守护演变为兼具装饰美化功能[1]。除了让锁具的功能和安全性提高之外，使用的便利性也是促使其设计和制造不断更新的主要原因。因此，长久以来，对于锁具的发明与改进，一直着重在使用的便利性及功能的安全性，而对于锁具的起源与发展，很少关注也缺乏相关记录。

中国人远在数千年前，已经开始使用锁具，从最远古时期的绳结锁（Knot lock），到具备锁具基本定义的木锁（Wooden lock）。随着古人对于各种金属的生产与制造技术的掌握，各种类型的金属锁具应运而生。锁具除了保护个人物品或家中财富不被动用或盗取之外，亦有锁住私人情怀与隐私的功用，后来更演变出需要以特定的步骤与方式才能开启的机关锁（Puzzle lock）。对于这样的机关锁，即便拥有正确的钥匙，一时半刻仍难以打开，常使得开锁人懊恼揪心、望锁兴叹。特定开法的机关锁，除了防护功能与安全性大大提升之外，在当时甚至成为文人雅士、王公贵族把玩与交流的游戏设备，也是一种炫耀与展示的益智玩具[2]。

中国人使用锁具虽然已有数千年的历史，但由于古代锁具的设计制作大多由专门的工匠为之，且不公开传授相关技术，使得一般人很难接触与了解锁具的制造技法；再者，由于传统社会普遍存在"万般皆下品，唯有读书高"的文化风气，匠人的社会地位相对卑微，虽不乏巧手与奇品，但几乎都名不见经传。在长期不受重视的情况之下，著名的英国科学家李约瑟（Joseph Needham）博士在他的巨作《中国科学技术史》（*Science and Civilization in China*）第四卷第二分册[3]中"锁匠的技艺"（The Locksmith's Art）一文中也感叹亚洲锁具的历史发展与工艺技术的相关资料非常匮乏，甚至连写一页的内容都没有，需要更多努力。具有特殊开法之机关锁的历史发展年代久远，且广泛应用于中国古代不同地区，又因为众多前辈匠人个人的丰富经验及创造力与想象力，使得流传至今的机关锁类型相当多样，具有不同的构造设计，涵盖多种形式的机械零件，非常值得深入研究与探讨。

然而，中国的古籍文献对于锁具的记载非常稀少，有关锁具的历史发展脉络、锁匠的生平事迹、锁具的材料、制锁方式与使用的工具等议题，基本上可说是完全遗落消失。有关"锁"字的相关叙述，大多是以诗词文学的方式出现，亦有伴随皇宫管理与军事防护的需求留下的记录，但数据相对零散不全，而且年代亦不够明确。西方文献对于锁具的历史记载较为详尽，其锁具的机械构造随着时代不断改良，安全度也相对提升，更由于建筑外观的搭配与需求，呈现多种风格和精致外貌。依据现有的文献资料及传世的古锁文物，无法得知最早的锁具于何时、何地、由何人所发明，也无法探讨中西方的锁具是如何交流与传播的。

就现代的观点而言，锁具可定义为一种以钥匙、转盘、按键、电路，或者其他用具实现开、关操作的安全装置，用以防止物品被打开或移走，兼具防护、管理，甚至装饰功能。锁具的基本组成，可归纳为开启装置、障碍物、固定装置三个部分，其关系如图1.1所示[4][5]。

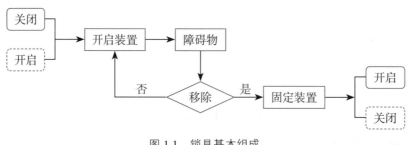

图 1.1　锁具基本组成

固定装置用来链接两个物品，使其难以被分离或开启，以木锁为例，其固定装置为使门板固定于墙上而无法被开启的设计，如图1.2（a）所示的门闩。挂锁则以锁梁作为固定装置，借由穿过箱子、柜子或门上的两个锁环将其锁住，如图1.2（b）所示为江西抚州宜黄县的老柜子，上下共4层，总计有5把挂锁，分别锁在上层柜门、二层的三个抽屉、三层的柜门。再者，有些老柜子以具有吉祥寓意的装饰品作为外加障碍物，除了可以是锁孔外部的障碍物之外，亦有隐藏锁孔与祈福许愿的功能，如图1.2（c）所示之魁星点斗独占鳌头的抽屉机关锁。开启时，需要先按压位于鳌头下方的小点，才能向下滑动鳌头并旋转魁星，使锁孔露出后，才能插入钥匙解锁。

（a）木闩锁

（b）挂锁（江西仙盖山
古锁馆藏品）

（c）抽屉机关锁（江西仙盖
山古锁馆藏品）

图 1.2 古代锁具的固定装置

现代的机械式门锁亦使用"闩"为其固定装置，其运动方式大多为滑行或旋转，旨在固结门板与墙，达到锁闭的效果，如图1.3所示为针珠制栓锁（Pin Tumbler Lock）的内部构造。再者，由于科技的进步，近代电子锁的固定装置也应用电磁力来发挥固定的功能。

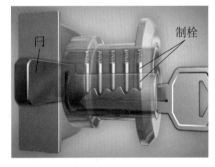

图 1.3 现代机械式门锁之针珠制栓锁
（耶鲁锁）构造

障碍物的作用在于辨别和阻碍错误的开启装置，兼具防止固定装置被移动的功能。锁具的障碍物有不少种类，现代的机械式锁具主要以制栓（Tumbler）为主，如图1.3所示。古代西洋锁的障碍物大多为凸块（Ward），如图1.4（a）所示[6]，而古代中国锁具则选用弹簧片（Barbed Spring）或直木锁栓（Tumbler）[7][8]，如图1.4（b）-（c）所示。

开启装置指用以克服障碍物来解放或开启固定装置的钥匙、数字、密码、电磁盘或手机等。近年来蓬勃发展的生物辨识锁具中，人类的个体特征如瞳孔、脸部、指纹、声音等，亦可成为开启装置，使得锁具发展进入一个全新的领域。

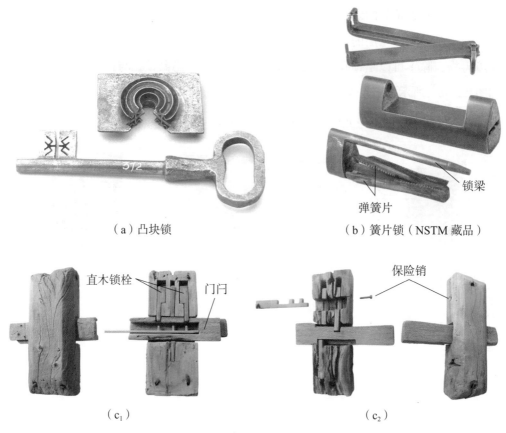

（a）凸块锁 　　　　　　　　　（b）簧片锁（NSTM 藏品）

（c₁）　　　　　　　　　　　　　　　（c₂）

（c）木栓锁（熊文义创办的江西抚州古木锁博物馆藏品）

图1.4　古代锁具的障碍物

　　一般而言，当锁具位于闭锁的状态时，便可进行开启动作，此时开启装置应接受障碍物的判别，确认开启装置的正确与否。若为错误的开启装置，则应重新选择正确的开启装置，方能进入开启的动作；若是正确的开启装置，即可移除障碍物或通过障碍物的判定，此时才能释放固定装置，使锁具进入开启的状态，完成解锁过程。此外，有些锁的设计为了方便使用，可由开启装置直接驱动障碍物并移动固定装置，达到开锁的功能，如图1.4（c₁）所示，可由钥匙移除障碍物后，直接拉动固定装置而开锁。而如图1.4（c₂）所示为直木锁栓加设保险销（障碍物），开锁时，必须先以手取出保险销后，再使用钥匙插入锁孔至定位后，向上提起直木锁栓，才能用手移动横木门闩，开启木锁。此锁造型古朴精致，设计科学合理，已具备现代机械式锁具外加障碍物的技术观念。

　　中国古代机关锁富含古代匠人的工艺技术，亦可以反映当时社会的生活需求，是一种民俗文化的瑰宝。虽然有少数的学者曾以古代锁具的特征及其设计方式为研究主题[1][4][9][10][11]，也有探讨中国传世的巧妙器物与锁具的专著[2]；然而，直至目前，还没有广泛探讨各种不同类型的中国传统机关锁之专著。正如李约瑟博士在"锁匠的技艺"[3]第一段提到："如果我们忽略关于锁和钥匙制造者们的事迹不提，那将是不可饶恕的（*It would be therefore be inexcusable, in the present context, if we omitted any reference to the markers of locks and keys*）。"因此，本书的目的是针对传世的机关锁，探讨中国传统机关锁的历史发展与工艺特色，梳理机关锁的构造类型与设计原理，分析开锁过程及其内部机件的作用方式。以古锁实际操作的方式演示开启过程，或运用三维计算机绘图技术以透视锁具内部构造的图画表示，搭配详实的文字说明，系统化介绍中国传统机关锁具，希望借此引发世人对于锁具文化及古代匠人工艺技术的关注。此外，由于锁具的发展历史相当悠久且使用区域广阔，亦是常见民用品，需求量极大，又因为机关锁演变成为可交流炫耀的益智玩具，再加上众多匠人的创意巧思与智慧结晶，使得机关锁的类型相当多样，开锁方式更是千变万化。因此，即使作者尽力收集与梳理，一定仍有许多型式没能收录在本书中，未来有待锁具藏家及相关专家学者进一步补充与完善。

本书介绍中国传统挂锁逾200把，根据锁具的构造类型与外形分类，共有组合锁、一般簧片锁、具特别外形之花旗锁、开放式锁孔机关锁、隐藏式锁孔机关锁、堵塞式锁孔机关锁等。第二章以机械构造的观点，说明锁具构造的分析方法，探讨机件与接头的特征并进行中国古代锁具的分类。第三章简要介绍中西方锁具发展史，包含中国、古罗马、古希腊、古埃及等地区的木锁与金属锁的发展历程。第四章说明开放式锁孔锁的分类及其开锁方式，主要包含外加障碍锁、钥匙非直接插入锁、多段开启锁等三种主要类型[12][13]。第五章探讨隐藏式锁孔锁的类型与解锁过程，根据开锁的第一步骤，分成滑板（钮、饰）锁、压簧锁、插孔锁、转饰锁、扳底板锁等五种主要形式[14][15]。第六章介绍堵塞式锁孔锁的类型与开锁方式[16]，主要包含插孔锁与挤梁锁两种类型。第七至九章分别以湖北岳口锁[17]、山西锁[18]、湖南锁[19]为例，探讨中国传统锁具的发展情形。第十章则是从博物馆的任务及其社会功能的角度，说明中国传统锁具如何转化与应用，才能以不同的面貌延续生命力及再次吸引世人的目光，此案例亦可作为其他类型之传统文物推广的参考。

本书可提供给对传统锁具有兴趣的藏家与读者之参考研究资料，亦可作为大学或研究所有关中国古代传统工艺技术通识课程的教科书和参考补充数据。作者相信本书可以满足中国传统锁具在收藏研究、展示教育，以及科普推广活动的需要。

第二章

中国古代锁具构造特征与类型

关于中国古代锁具的种类型式及其构造特征，历来并无史书记载，古籍文献中也难以找到相关信息，仅能从零散的资料及传世的文物中，了解其发展的蛛丝马迹。本章从机械构造的角度，进行锁具的构造分析，说明锁具内部机件与接头的特征，提出一套适用于中国古代锁具开启过程的表示方式，以为后续章节之用，最后进行中国古代锁具的分类。

第一节　锁具构造特征

以机械构造的观点而言，锁具乃是由机件与接头依特定的方式组合而成，可以产生开锁与闭锁的功能，具备保护物品与守护安全的效果。

一、机件

机件（Mechanical member）是组成机构与机器的基本要素，是一种具有阻抗性的物体，可以是刚性件、挠性件或者压缩件[20]。中国古代锁具的机件主要由刚性件与挠性件两类组成，刚性件在使用过程不会变形。机件类型较为多样，例如锁体、锁栓、钥匙、端板、底板、滑板、转钮等都是属于刚性件的范围；挠性件是指在操作过程中，机件本身会产生变形，例如簧片，也有少部分的钥匙或底板会以挠性件的方式制造而成。

二、接头

单一机件只能是工具，如螺丝起子、扳手、榔头等，为使机件具备更多的功能，机件与机件之间必须以特定的连接方式加以组合，如此才能完成更复杂的任务，机件与机件的连接组合方式可以称为接头或对（joint/pair）。对于中国古代锁具而言，机件与机件之间主要是滑行接头与旋转接头，如图2.1所示。为了介绍锁具的操作过程，可以设定一组直角坐标系统，方便说明各种机件之间的相对运动关系。一般将锁梁（锁栓）移出锁体的方向设为正x轴，正y轴为垂直水平面向上的方向，正z轴则以右手定则决定，坐标轴的设定如图2.1（a）所示。对于滑行接头（Prismatic joint，J_P）而言，两个相连机件之间的相对运动是沿轴向的滑动，如图2.1（b）所示为锁梁沿正x轴方向相对于锁体滑动。对于旋转接头（Revolute joint，J_R）而言，两个连接机件之间的相对运动，是对于旋转轴的转动，如图2.1（c）所示为端板以负x轴方向相对于锁体旋转（右手四指弯曲指向旋转方向，大拇指指向的坐标轴为旋转轴）。对于如图2.1（d）所示木锁，先将横木门闩沿负x轴方向相对于门板如图2.1（e）所示滑动后，再将门板以正y轴方向相对于门墙旋转，如图2.1（f）所示，如此才能完成木门开启，这种特殊开启方式的木锁，是西藏自治区林芝市波密县八盖乡特有的木锁类型。[5]

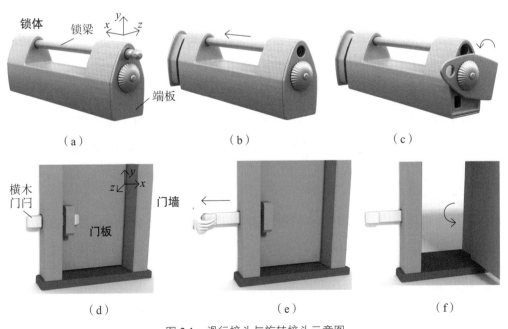

图 2.1　滑行接头与旋转接头示意图

大部分的簧片锁都需要以钥匙插入锁孔后，借由钥匙的齿销压缩簧片、移出锁栓开锁。由于簧片锁的类型非常多样，开锁方式更是千变万化，钥匙头插入锁孔的方式也因此有许多不同的变化。根据机械构造的观点，钥匙头（属于钥匙的一部分，是机件）以特定的连接方式插入锁孔（属于锁体的一部分，是机件），这样的插入过程亦可视为是两个机件之间具有特定的相对运动。接头主要可分为旋转（Revolute，R）、滑行（Prismatic，P）、凸轮（Cam，RP）、螺旋（Helical，H）、圆柱（Cylindrical，RP）及平面（Flat，RPP）六种类型[13]，简要说明如下。

1. 旋转接头

图2.2（a）所示为钥匙头以负 y 轴方向旋转插入锁孔，可以用符号 R_{-y} 表示，钥匙头与锁孔之间的相对运动为单一轴向的旋转。

2. 滑行接头

图2.2（b）所示为钥匙头沿正 x 轴方向滑行插入锁孔，可以用符号 P_{+x} 表示，钥匙头与锁孔之间的相对运动为单一轴向的滑行。

3. 凸轮接头

若是钥匙头与锁孔之间的相对运动既有旋转又有滑行，则可称为凸轮接头，如图2.2（c）所示，钥匙头除了以负 z 轴方向旋转之外，还要沿正 x 轴方向滑行插入锁孔，可以用符号 $R_{-z}P_{+x}$ 表示。

4. 螺旋接头

对于螺旋接头而言，钥匙头与锁孔之间的相对运动，是螺旋运动。如图2.2（d）所示为钥匙头沿正 x 轴方向螺旋插入锁孔，可以用符号 H_{+x} 表示。

5. 圆柱接头

对于圆柱接头而言，钥匙头与锁孔之间的相对运动，是对于旋转轴的转动与平行于此轴的滑动的组合，如图2.2（e）所示，钥匙头除了以正 x 轴方向旋转之外，还要沿正 x 轴方向滑行，才能插入锁孔，可以用符号 $R_{+x}P_{+x}$ 表示。

6. 平面接头

对于平面接头而言，钥匙头与锁孔之间的相对运动，是对于一旋转轴的转动及另两轴之滑动的组合，如图2.2（f）所示，钥匙头除了以负 y 轴方向旋转之外，还要沿负 z 轴与正 x 轴方向滑行，才能插入锁孔，可以用符号 $R_{-y}P_{-z}P_{+x}$ 表示。

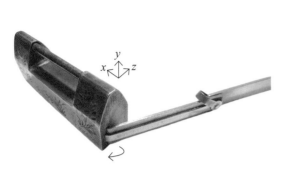

（a）旋转接头（NSTM 藏品）

（b）滑行接头（美国艺智堂藏品）

（c）凸轮接头（NSTM 藏品）

（d）螺旋接头（美国艺智堂藏品）

（e）圆柱接头（美国艺智堂藏品）

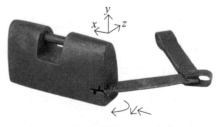

（f）平面接头（美国艺智堂藏品）

图2.2　钥匙头插入锁孔的方式

第二节 中国古代锁具类型

中国古人发明了许多种锁具，锁具衍生发展的种类形式多样，如图2.3所示为简要的锁具分类，主要有固定式与移动式两大类型。

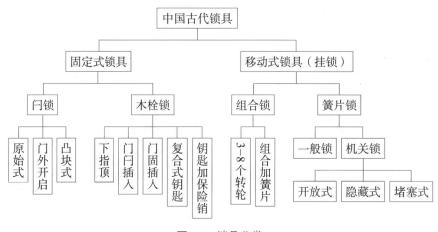

图2.3 锁具分类

一、固定式锁具

固定式锁具以木锁为主，根据构造与设计原理的不同，木锁可分为闩锁与木栓锁两类[5][8]。最原始的闩锁，只能从门内开启与关闭，如图2.4（a）所示。只能在门内开启的闩锁，使用相对不方便，因此逐渐衍生出可在门外开启的闩锁和具有凸块的闩锁。中国古代木栓锁在不断的创新改进之下，逐渐发展出构造各有不同的多种类型。若以钥匙插入的开启方式分类，可分为无需钥匙即可开启的下指顶和门闩插入、门固（锁体）插入、复合式钥匙、钥匙加保险销等五类。图2.4（b）所示为一款常见木栓锁，其开启方式是以钥匙（开启装置）自门固（锁体）侧面的锁孔插入，向上抬起直木锁栓（障碍物）后，再水平移动横木门闩（固定装置），完成开锁程序。有关木锁的介绍详见第三章第三节。

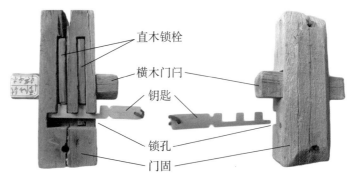

直木锁栓

横木门闩

钥匙

锁孔

门固

（a）闩锁　　　　　　　（b）木栓锁（熊文义创办的江西抚州古木锁博物馆藏品）

图2.4　固定式锁具

二、移动式锁具

中国古代移动式锁具可简称为挂锁（Padlock），通常有着直长的锁梁，用来穿过固定于门或盒子上的两个锁环，防止门或盒子被打开，如图2.5所示。挂锁由于使用方便、携带容易，可以广泛应用在不同的地方，如门、窗、柜子、珠宝首饰盒或建筑物上，是最常见的中国古代锁具类型。根据设计原理的不同，挂锁又可分为不需钥匙就能开启的组合锁，以及需要钥匙才能开启的簧片锁两类[1]。可移动式挂锁是本书的重点，各种挂锁的分类与说明，将在之后的章节再详细介绍，以下简要说明组合锁与簧片锁的基本原理、开锁过程、构造特征。

（a）组合锁　　　　　　　　　（b）簧片锁

图2.5　移动式锁具（江西仙盖山古锁馆藏品）

1. 组合锁

根据目前已知的传世锁具，中国大约在清朝时期（1636-1912）才出现组合锁的制造与使用。组合锁由锁体、数个转轮及锁栓等三部分组成，如图2.6（a）所示为四转轮的组合锁[17]。该锁体包括一个片状侧件和转轴，供转轮转动并导引锁栓运动，由于侧件和转轴相互之间没有相对运动，可视为同一机件。锁栓包含锁梁、锁梗及另一片状侧件。片状侧件一部分固结锁梁，用以挂锁，另一部分固结具有凸片的锁梗，由于锁梁、锁梗及侧件相互之间没有相对运动，亦可视为同一机件。转轮通常是大小一样，表面大多刻上四个文字，每一转轮内径各有一缺口可与锁梗上的凸片对应。锁梁进入锁体片状侧件的孔后，转动转轮，锁就锁住了。开锁时，先将所有转轮上的文字，转成正确的字串，此时，所有转轮的缺口会向上对齐，形成一个供凸片通行的通道，这时即可移动锁栓，使其与锁体分离，完成开锁，如图2.6（b）所示。对于不知道正确字串的人而言，想要打开组合锁，就必须不断尝试，慢慢找出正确字串；然而，有些熟手也可以凭借手感，借由转动转轮感觉出缺口的位置，进而找到正确字串开锁。转轮除了可以刻文字之外，亦有少部分的组合锁转轮是刻着图案或密码，如图2.6（c）-（d）所示。此外，为了增加防护效果，也有少数的组合锁另外加入簧片的设计，除了需要将转轮转到正确的字串之外，还需要用钥匙压缩簧片才能完全开锁，具有更高的安全性，如图2.6（e）所示。

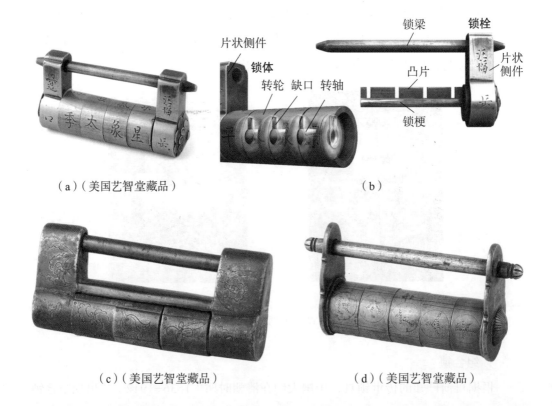

（a）（美国艺智堂藏品）　　　　　　　　　　　　（b）

（c）（美国艺智堂藏品）　　　　　　（d）（美国艺智堂藏品）

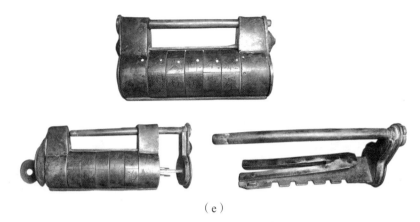

（e）

图 2.6 中国古代组合锁

2. 簧片锁

簧片锁类型多样，各具巧思创意，充分展现古代匠人不凡的工艺技术，是最具代表性的中国古代锁具类型，可根据开启方式的不同，分为具有特殊开法的机关锁和正常开启的一般锁两种。再者，机关锁又可依锁孔的形式，分成开放式锁孔[12-13]、隐藏式锁孔[14]及堵塞式锁孔机关锁[16]等三种类型。

为方便说明簧片锁的特征与类型，以图2.7（a）所示之一款构造简单且不具机关的开放式锁孔簧片锁为例，介绍锁具各部位的名称及其基本原理[17]。这把锁由锁体、锁栓（锁栓由锁梁、锁梗及侧件等三部分组成，各部分之间没有相对运动，可视为同一机件）、四个长度一样的簧片（长度相同的簧片可视为同一机件）及钥匙等四机件组成。锁体提供锁孔，让钥匙插入，并导引锁栓运动。此簧片锁可依锁体表面不同的位置，再细分为正面、背面、左端面、右端面、左内端面、右内端面、顶板及底面等八个部分。侧件上压印"刘福太造"四字，上半部连结锁梁，下半部则为锁梗；四个簧片的一端铆接在锁梗上，另一端则抵住锁体内部的内墙，使得锁栓无法自锁体移出，达到闭锁的功能。钥匙头则是根据锁孔的位置与形状，以及簧片的构形而设计，通常会有凸出的齿销，用于压缩簧片。

上锁时，锁梗上之簧片因弹力的作用而张开，弓卡在锁体的内墙上。开锁时，由于钥匙无法直接沿正x轴方向插入锁孔，需将钥匙齿销朝上且沿正x轴方向接近锁孔［如图2.7（b_1）所示］，以负z轴方向旋转插入锁孔，可以用符号R_{-z}表示［如图2.7（b_2）所示］，再沿正x轴方向移动，可以用符号P_{+x}表示［如图2.7（b_3）所示］，借由钥匙移动使得齿销同时挤压四个簧片［如图2.7（b_4）所示］，当所有簧片不再抵住锁体内墙时［如图2.7（b₅）所示］，锁栓即可沿正x轴方向移出锁体［如图2.7（b₆）所示］，完成开锁。

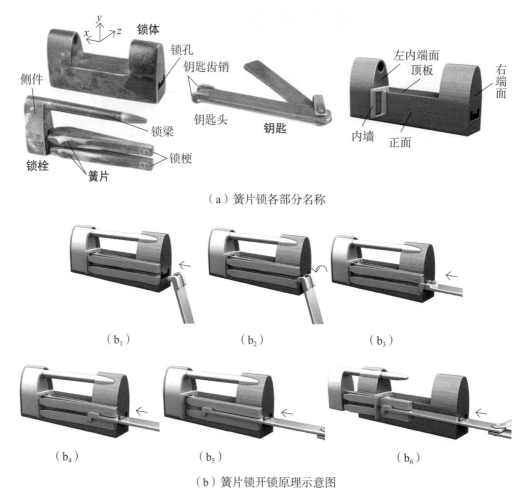

（a）簧片锁各部分名称

（b）簧片锁开锁原理示意图

图 2.7　开放式锁孔簧片锁（NSTM 藏品）及其开锁原理示意图

如图2.8所示为侧件刻有"李怡兴"且有两个锁孔的簧片锁，包含锁体、锁栓、一组长簧片、一组短簧片及两把钥匙等六机件。由于这把锁的簧片尺寸长短不一，需要分两阶段才能完全将锁栓移出锁体，这样开启方式的锁，又可称为二段开启锁（若需三阶段才能完全将锁栓移出锁体，则称为三段开启锁，以此类推）。开锁时，先使用钥匙1且将齿销朝上沿正x轴方向插入锁孔1，压缩长簧片通过内墙，才能沿正x轴方向移出部分锁栓。直到短簧片受到内墙抵挡后，将钥匙1沿负x轴方向拔出，再使用钥匙2且将齿销朝向锁孔2后，以负z轴方向旋转插入锁孔，再沿正x轴方向移动，压缩短簧片通过内墙，才能沿正x轴方向移出全部的锁栓，完成开锁。

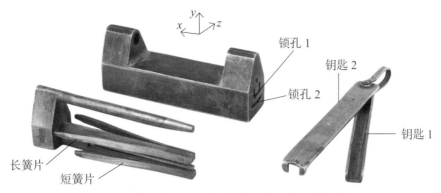

图 2.8　开放式锁孔二段开启机关锁（美国艺智堂藏品）

对于未曾接触过这把锁的人而言，要先使用哪一把钥匙、钥匙的齿销朝上或朝下、哪一个锁孔要先插入等问题，应该会困扰许久，因此，这是一把具有特殊开启步骤的开放式锁孔机关锁。

如图2.9所示为一把隐藏锁孔的簧片锁，根据机件的功能特性与相对位置，可分为锁体、锁栓、长簧片、短簧片、底板和钥匙等六机件[14]。该锁巧妙运用底板将锁孔隐藏起来，开锁时，必须先沿正x轴方向移动底板，找到锁孔后，才能将钥匙沿正y轴方向插入。又因为簧片有长短两种尺寸，钥匙插入后需先以负y轴方向旋转、压缩长簧片，移出部分锁栓后，再以正y轴方向旋转钥匙、压缩短簧片，才能移出全部锁栓。这把簧片锁除了加入底板将锁孔隐藏之外，更用了长短不同的两组簧片，使得钥匙需要特定的转动方式且分两阶段才能完成开锁，可归类为隐藏式锁孔滑动底板机关锁。

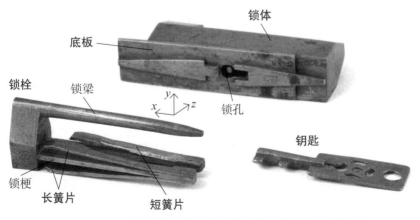

图 2.9　隐藏式锁孔滑动底板机关锁（美国艺智堂藏品）

第三节　小结

由于中国古代锁具历史发展丰富多元，使用的年代亦非常久远，而且广泛使用于中国不同的地区，这样的时空背景之下，使得中国古代锁具有许多不同的种类型式，产生出千变万化的开锁方式。为了清楚说明这些锁具的开锁方式与过程，本章从机械构造分析的观点，介绍锁具之机件与接头的定义和类型，引入直角坐标系统，借此精确地说明开锁步骤及其运动方式，最后进行中国古代锁具的分类。中国古代锁具主要由刚性件与挠性件组成，而机件与机件之间的相对关系，主要有旋转与滑行运动两类。钥匙头插入锁孔的过程亦可视为两个机件之间有相对运动，主要包含旋转、滑行、凸轮、螺旋、圆柱及平面等六种接头类型。

中国古代锁具主要有固定式与移动式两大类型：固定式锁具以木锁为主，可细分为闩锁与木栓锁两类；移动式锁具亦可称为挂锁，主要有组合锁与簧片锁两类。组合锁一般不需钥匙，只要将转轮转至正确的密码组合即可开锁。根据本章提出的机械构造分析方式，可以将簧片锁分成一般锁与机关锁两大类。一般锁只要将钥匙插入锁孔且压缩簧片后即可推动钥匙开锁。机关锁则是别有洞天，对于从未接触过机关锁的人而言，即便使用了正确的钥匙，一时半刻仍然不易将锁打开。机关锁又可细分为开放式锁孔、隐藏式锁孔及堵塞式锁孔三类，详细介绍可见后续章节。

第三章

锁具发展史

数千年前，古人开始发明创造用于保护生命和财产的各种锁具。而在世界地图上，相互间距离遥远的古文明地区，如中国、古希腊、古罗马、古埃及及古巴比伦等地，锁具的外形、种类及功能，却有着极为相似的发展样貌。本章针对各类锁具的历史发展、机械构造、设计原理及其与社会生活的影响，进行系统化的梳理与探讨，介绍古今中外锁具的发展简史，内容包括锁具类型、绳结锁、木锁及金属锁。

第一节　锁具类型

锁具的生成，与材料、工具及文化皆有密切的关联；锁具在历代的发展和使用，可反映出当时的工艺技术、社会文化及经济发展脉络[1]。

人类有了私有财产的观念之后，便产生了锁具。过着穴居生活的原始人类，为防范野兽的侵袭并保护个人的物品，会利用重石来挡住洞口，这可说是最早、最直接的原始安全装置（图3.1）。

当重石已经不符合所需的功能后，木材成为方便

图3.1　重石护物

加工的锁具材料，在这个时期，野兽已经不是人们主要的防范对象，人类的智慧和贪婪才是彼此的敌人。为了固定木门，锁具有了重大的发展，从最初繁复的绳结改为粗大的木锁，当更为精巧的木锁问世后，金属制的锁和钥匙也在材料的发展下催化诞生。由于金属具有延展性，比木制品更容易加工和保存，其外形和色泽也较木制品亮眼，因此被广泛地应用于各类锁具。另外，古时候，有些锁具本身并无开启与关闭的功能，而是外观为凶恶的奇兽或动物形状，如老虎、狮子，借以吓阻小偷，是一种象征性的锁具，称为铺首，如图3.2所示。

（a）唐铜鎏金铺首（西安博物院藏品）　　（b）北魏透雕铜铺首（固原博物馆藏品）

图 3.2　象征性锁具

金属机械锁具可依其安装方式的不同，大概分为挂锁、弹簧锁、单闩锁、门缘锁及榫眼锁等；也可依其构造与原理的不同，大概分为凸块锁、杠杆或制栓锁类（杠杆制栓锁、步拉马锁、查布锁、针珠制栓锁、盘形制栓锁）、时间锁及密码锁等。另外，自20世纪70年代，随着微电子技术不断发展与应用，出现了磁控锁、声控锁、超声波锁、红外线锁、电磁波锁、电子卡片锁、指纹锁、眼球锁、遥控锁等一系列智能型锁具。

第二节　绳结锁

原始的穴居人，用石头或木块来挡住出入的洞口，并以绳索将其绑住固定，用以保护生命安全与重要物品。

古希腊人以复杂的绳结来系紧房门，并以特殊的绳结去探测是否有外人打开过其精心打上的绳结，因此绳结可以算是锁具的一种原型。再者，主人为了获得更好的安全效果，想出各种方式，使绳结更加复杂深奥，也更加难以开解。然而，绳结还是有可能被解开且取出物品后，再以同样的方式绑起来，从外观上看不出里面的东西已被移动过。因此，古希腊与古罗马时期，印章与锁具就已经有了密切的关系，两者时常相互结合使用，方法是当绳结完成后，会在绳结上放一块陶土，并在陶土上盖上自己的印章，陶土凝固后与绳结形成一体。这样的锁虽然安全性不高，但对于防止家人或仆人（或那个时期家中的奴隶）未经同意擅自打开，已经是非常有用的方法。[21]

中国古代随着材料的丰富及用具的发展，安全装置的种类和功能也不断增加与提升。先民为了保护贵重的财物，亦常以精巧牢靠的绳结系紧，并设计出名为"觿"的玉石、兽牙或是金属细棒来解开绳结。因此，绳结可说是中国古代最早的锁具，而觿这种解绳器则可说是最早的钥匙，图3.3所示为两把不同年代与材质的解绳器。中国古代的绳结锁发展方式与古希腊罗马时期有着相似的情况，当时也会在绳结上放陶土盖上自己的章，形成更有保护效果的模式，这样的方式后来也延伸使用于书信或包裹，加上泥印封签，防止他人开启，如图3.4所示。[22]

图 3.3　解绳器

图 3.4　泥印封签

现今市面上的锁钥店与刻制印章的店是分开的，然而，远在数千年前的古希腊、古罗马与中国古代时期，锁与印章是好哥们，两者相互合作、共同守护主人的物品安全。

第三节　木锁

　　最早的具体锁具应是木锁，古埃及、中国、古罗马及古希腊皆有之。数千年的时间长河中，由于东西方人员的交流及贸易的进行，使得木锁的设计制造技术也因此传播发展，不同地区的木锁形式，竟然有许多相似之处。直到20世纪末，木锁仍然广泛在中国、非洲、欧洲及中南美洲使用。

一、古埃及木栓锁

　　许多文献资料显示古埃及人最晚于4000多年前已经使用木栓锁[4][23]。有学者提到在古埃及卡纳克（Karnak）神庙的浮雕中，出现木栓锁的图样，而这类锁具也曾在美索不达米亚地区尼尼微城的科尔沙巴德（Khorsabad）宫殿被发现。然而，也有学者持保留的态度，认为4000年前的古埃及木锁应该是简单的闩锁，因为大部分浮雕图像的门，都是用门闩来固定的，若是真有木栓锁，应该也只是特例[24][25]。但无论如何，这样的木栓锁确实很早就广泛使用在古埃及地区，直至现今仍是如此。

　　古埃及木栓锁的组成包含门固、横木门闩、直木锁栓及钥匙，如图3.5（a）所示[8]。门固垂直固定在木门上，具有一个可让门闩通过的水平凹槽以及数个垂直通往该凹槽上方的柱形孔洞。门闩的外形配合门固的凹槽设计，可在槽内水平移动，用以将门稳固在侧柱上；门闩的内部亦有数个与门固柱形孔洞之位置和形状配合相通的柱形孔洞，且另有一中空槽道以方便钥匙进出和解锁。另外，每个门固及其对应的门闩孔洞内配有一直木锁栓。钥匙呈牙刷状，其一端有数根配合锁栓位置和形状的小木齿。当门闩插入门固凹槽至定位时，锁栓会因本身的重量而下落至所对应的门闩孔洞，使门闩无法移动，达到闭锁的功能。开锁时，将钥匙经由门闩中的槽道插入至定位后，再往上抬起，使其小木齿将所对应的锁栓下沿提高至门闩上缘，即可滑动门闩开锁。

　　图3.5（b）所示为另一款在埃及发现的木栓锁[24]，在原始设计的横木门闩锁孔中，加入一个凸块，这个凸块使得在钥匙的相对位置也必须挖出一个小

孔，如此才能确保钥匙上提时，钥匙的两根小木齿，可以将直木锁栓提高到横木门闩的上缘，亦才能移动钥匙拉出门闩完成开锁。这是在木栓锁中加入凸块作为另一障碍物的设计，具有更高的安全性，是运用巧思增加开锁难度的早期实用案例。

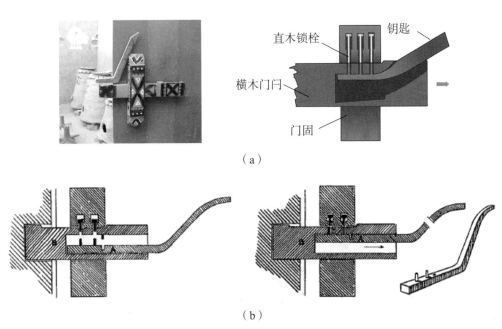

（a）

（b）

图 3.5　古埃及木栓锁

二、中国古代木锁

在中国，木锁是最早的实用锁具，主要用于锁门，根据推断应在五至六千年前的仰韶文化时期，已有实际使用木锁的情形。但由于木材容易腐朽或被蛀蚀、不易保存，因此并无真品留传下来，亦无正式文献加以记载[1]。

相传战国时期的鲁班（公元前507—前444），给先民使用的简单木锁装上了机关，在门上开有一个孔，让竹竿类的横管式工具从门外进入，推动门内的木栓来关门或开门。这也是自古以来，称钥匙为"管"或"钥"的原因。

现存的中国古代木锁依构造和使用方式，分为闩锁（Bolt locks）与栓锁（Pin tumbler locks）两种。最初的闩锁，以木头材质为主，仅由厚重的门板与门闩构成，用以防止门、窗的开启，如图2.4（a）所示。在不断的改进之下，发展出各种不同构造与开启方式的中国木栓锁，除了有如图2.4（b）所示之钥匙从门闩下方锁孔插入之外，亦有钥匙从门闩上方锁孔插入的形式，如图3.6（a）所示为一把来自福建的木锁，在江西也常看到这款木锁的踪迹。开锁时，一手持钥匙（开启装置），插入位于门固（锁体）侧面、门闩上方的锁孔后，钥匙向上抬起直木锁栓（障碍物），另一手水平移动横木门闩（固定装置），完成木锁开启过程。

图3.6（b）所示为另一款典型的木栓锁，包括门固（锁体）、横木门闩、直木锁栓及钥匙。开锁时，将钥匙插入位于横木门闩侧边的锁孔，钥匙至直木锁栓下方后，向上提起钥匙，使其上的小木齿将所对应的直木锁栓向上举起，即可直接以滑动方式移动横木门闩，完成开锁。这款木锁构造原理与古埃及木栓锁是基本相同的，除了钥匙形状、锁孔位置、钥匙插入方式有些许差异。

图3.6（c）则为另一款方便使用的木栓锁，钥匙可以从锁体正面的锁孔插入，旋转90°后拉回，使钥匙两齿销轻靠锁栓并向上提起，两锁栓下方移出门闩缺口后，即可移动门闩完成开锁。为了方便在门内的人使用，这款木栓锁在门内另外加设一手把，门内开锁时，可直接用手指挑起锁栓，另一手握住手把移动门闩开门。

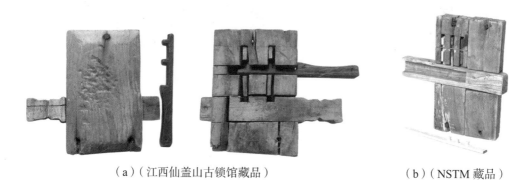

（a）（江西仙盖山古锁馆藏品）　　　　　　（b）（NSTM 藏品）

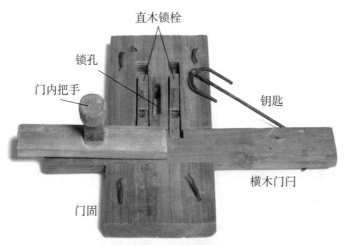

（c）（熊文义创办的江西抚州古木锁博物馆藏品）

图 3.6　中国古代木栓锁

三、古罗马木栓锁

木栓锁除了在中国与古埃及广泛使用，在欧洲的许多地区也可以发现其踪迹，这样的发展也是各地区人员的流动往来、相互交流、学习仿制而产生的结果。类似图3.6（a）所示的木栓锁在古罗马时期同样已经开始使用，且在整个欧洲都可以见到它的踪迹[26]，例如：图3.7（a）所示为具有两根直木锁栓的苏格兰木锁图样，收藏于南肯辛顿专利博物馆（Patent Museum，South Kensington）[24]；图3.7（b）所示为曾在挪威使用，现藏于斯特哥尔摩哈兹利厄斯博物馆（Hazilius Museum，Stockholm）的木锁图样[24]。此外，远在拉丁美洲的圭亚那（Guyana）也有类似的锁具，让人联想有可能是苏格兰人将木栓锁带进拉丁美洲。这款木栓锁分布在世界各地，锁体外形因地域而风格略有不同，但其设计原理极为相似，主要的差异点只有直木锁栓的形状与数量。

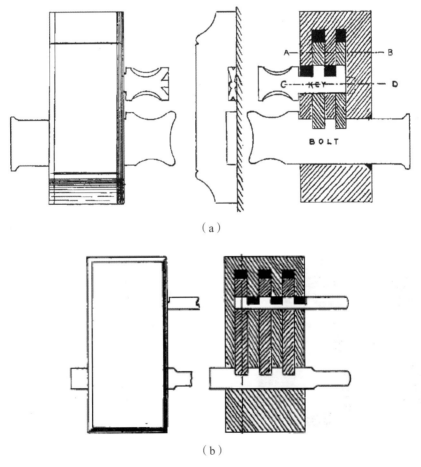

（a）

（b）

图 3.7　古罗马木栓锁

四、古希腊木锁

有一些文献资料显示，大约在公元前5世纪时，古希腊接收到来自古埃及的木锁技术[27]，也有学者认为古希腊是独自发展出颇具特色的木锁形式[21]。虽然各有不同的观点，但可以确定古希腊时期可从门外开启的木锁，是将一根门闩装设在门内大约中间的位置，并在门板上方挖出一个锁孔；钥匙的直径配合锁孔的大小，钥匙的形状大致是类似新月状镰刀的样式或像是曲柄，可以在插入锁孔后，借由扭转钥匙、左右移动门闩，将门板锁固或开启。图3.8（a）所示为柏林博物馆收藏的古希腊时期红彩陶器上的图样[27]，可以清楚看到一位女士右手拿着钥匙，插入位于门板右上方的锁孔。这样的木锁形式，其钥匙相对较大，常会放在肩上携带，如图3.8（b$_1$）所示[24]。

图3.8（b$_2$）所示为另一个古希腊时期花瓶上的图样[27]，图中男士肩上的大钥匙还另绑了一条绳带，而这条绳带原先应是绑在门内的门闩上且拉出门外，并在关闭木门时，产生特定的功能，这个功能可以用图3.8（a）门板左下方的这条绳带来说明。在当时，有两种方式可以将门闩移回闭锁位置，一是用钥匙慢慢拨动门闩，二是用绳带直接将门闩拉回到闭锁位置，可想而知，使用第二种方式锁门会比第一种方式要方便许多，图3.8（c）所示的三维透视图可以清楚说明开锁与闭锁的情形。古希腊木锁的设计，仅是多了一根门闩作为开启门板的障碍物，虽然只能提供有限的防卫，但确是真正的实用锁具。由于这样的闩锁安全性不高，古希腊时期后来出现了如图3.8（d）所示的木栓锁[21]，这样的形式除了在欧洲许多地方传播使用，亦可在中国江西等地看到它的踪影，如图3.6（c）所示。

Tafel V

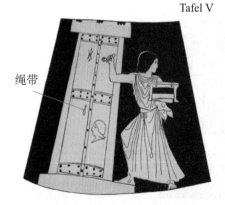

绳带

（a）古希腊花瓶上开门图样

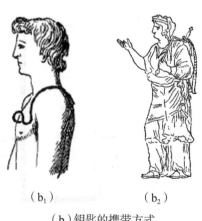

（b$_1$）　　　　　（b$_2$）

（b）钥匙的携带方式

（c₁）门外开启　　（c₂）门外开启透视

（c）钥匙开闭锁原理

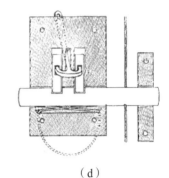

（d）

图 3.8　古希腊木锁

五、木锁钥匙

木锁由于本身材质的关系，容易随着时间的流逝而腐朽损坏、消失，但是金属制的钥匙可以顺利保留下来，提供我们许多研究与考证木锁的线索。图3.9（a₁）所示为来自德国梅茵兹（Mainz）、大约1800年前的铁制钥匙，末端制成适合插入小孔的形状，有可能是用来开启如图3.9（b₁）所示之单栓木栓锁。图3.9（a₂）所示为奥地利格拉兹谢尔收藏（Schell Collection，Graz，Austria）的T字形状铁制钥匙，这种钥匙除了可以开启如图3.8（d）所示的木栓锁，也可以开启如图3.9（b₂）所示之木闩锁。开启时，将钥匙插入锁孔并旋转90°，让钥匙两齿销插入位于门闩锁孔上下的两个小孔内，即可拉动门闩开锁。这样简单的设计，使得原本只能从门内开闭的闩锁，变成需要钥匙且可以从门外开锁，提升了闩锁的安全性与便利性。如图3.9（a₃）所示之钥匙来自英国肯特郡（Kent County）的盎格鲁-撒克逊（Anglo-Saxon）的一处坟墓里，钥匙的两齿位于柄的同一侧，可能也是用于开启如图3.9（b₂）所示之木闩锁，只是要将门闩的两小孔改成位于锁孔上方或下方同一侧即可。

图3.9（b₃）所示之木锁则是19世纪还常见于北欧地区的门锁，该锁之钥匙也是呈T字形状。这款锁与图3.9（b₂）不同之处是将弹簧片一端固定在门上，且位于门与门闩之间，弹簧另一端则是卡在门闩缺口中，防止门闩移动。开锁时，钥匙插入后需要移至特定位置，再用钥匙两齿下压弹簧片，使簧片离开门闩缺口，之后便可将钥匙推向一侧、移出门闩开门。这种加入弹簧片的木锁是古老时期留传下来的锁具形态，然而随着时间的流逝，具有簧片的木锁被保留下来的就只有钥匙与簧片。钥匙还可以根据形状，归纳推测其用处；而簧片在经历时间的锤炼后，很难定义出其原始功能。因此，从目前出土的文物及相关文献，还无法确定簧片木锁出现的年代。

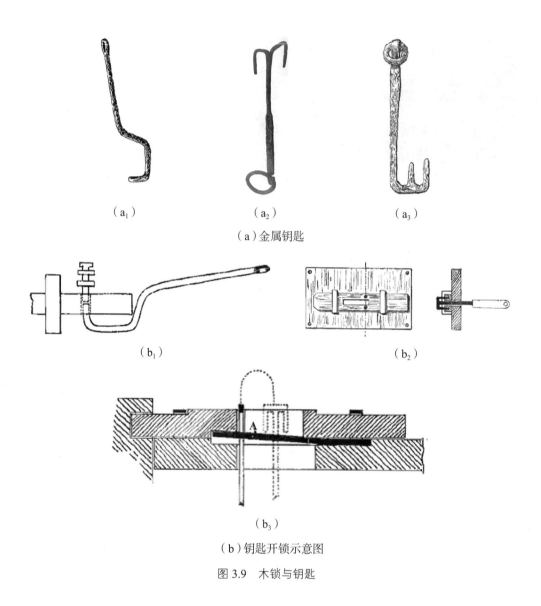

（a₁）　　　　　　　（a₂）　　　　　　　（a₃）

（a）金属钥匙

（b₁）　　　　　　　　　　　（b₂）

（b₃）

（b）钥匙开锁示意图

图 3.9　木锁与钥匙

第四节　金属锁

　　金属的材料特性使得锁具的设计制造可以更为多样，金属锁的安全性相较于木锁也有显著的提升。因此，随着人类对于金属材料冶炼技术的掌握，2000多年前，许多古文明地区如古罗马与中国，都已经开始使用金属锁。

一、古罗马金属锁

根据欧洲各地发现的古代青铜与铁制钥匙及锁闩分析，古罗马人把锁具的制造技术向前推进了一大步，并且是西方最早使用金属锁具者。他们发明了凸块锁、挂锁、金属钥匙、具有弹簧的制栓，以及可以水平移动的锁闩。此外，将钥匙以旋转方式代替直线动作，达成开锁与闭锁功能的构想也是来自古罗马人的杰作，因为在许多古罗马遗址中，经常发现以旋转方式工作的钥匙文物[3]。

图3.10（a）所示为大英博物馆（British Museum）收藏的大约公元1世纪的古锁文物[21]，由于此款古锁具有簧片且有制栓锁的特性，因此可称之为簧片制栓锁，图3.10（b）则为图3.10（a）所示古锁的复原图。古罗马人改进古埃及锁的原理并改良古希腊锁的缺点，设计出各种形状的制栓以及与制栓排列一致的钥匙，并且通过形状特殊的锁孔，减少入侵者复制钥匙的可能性。为了缩减钥匙的尺寸，并且使锁的开启变得容易，古罗马人利用青铜制成具有弹力的簧片，并在簧片上设置了形状与排列位置各有不同的制栓。锁闩小孔的位置与大小必须和这些制栓相配合，使得制栓恰能穿过小孔，防止锁闩移动。开锁时，使用正确的钥匙插入锁孔，并将钥匙移动至锁闩小孔正下方，垂直向上移动钥匙，使钥匙的齿销推出并取代位于锁闩小孔的制栓，此时才能以钥匙将锁闩移动，完成开锁程序。

另一个簧片制栓锁是来自梅茵兹博物馆（Mainz Museum）所藏古锁残件，如图3.11所示[24]。图3.11（a）是具有四个齿销的青铜钥匙，除了分开距离不同，其形状也不同，两个是三角形而另两个是正方形。图3.11（b）是青铜锁闩，上头打了孔来配合钥匙以及让同样形状的制栓通过，制栓如图3.11（c）所示。其整体组合方式如图3.11（d）所示，将钥匙插入锁孔中，然后转动钥匙将钥匙齿销移至锁闩下方并垂直向上提起，将制栓从锁闩中推出，改由钥匙齿销代替，即可移动钥匙将锁闩移出后开锁。制栓是垂直的，因此会因重力作用落入锁闩中的相对位置，这和古埃及与北欧地区使用的制栓锁相似。但制栓相对较小，还可能是木制的，如果仅依靠重量，可能不足以保障运动的确定性，因此加入簧片，可以确保制栓固定住锁闩。

弹簧弹力在锁具发展的过程中，扮演相当重要的角色。簧片的功能从图3.9（b_3）所示之木锁用于卡住门闩，演变到使用簧片可以将制栓从侧面水平推入锁闩中。弹簧弹力的作用，使得制栓可以摆脱只能依靠重力的限制，因而可在任何需要之处都能使用锁具，这是锁具发展历程中，一项非常重要的进步。

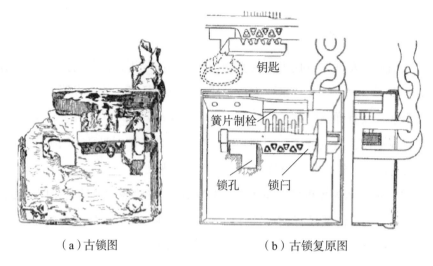

（a）古锁图　　　　　　　　　　（b）古锁复原图

图 3.10　大英博物馆藏古罗马簧片制栓锁及其复原图

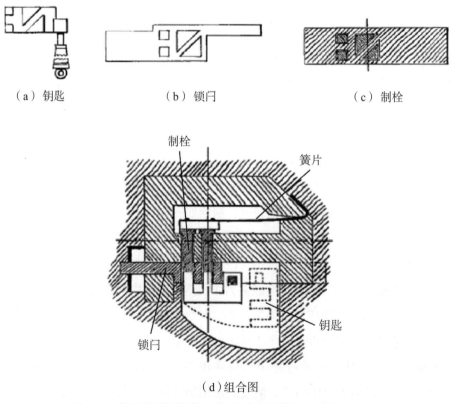

图 3.11　梅茵兹博物馆藏古罗马簧片制栓锁的复制组合示意图

此外，这样带齿销的钥匙及类似的锁闩，分布非常广阔，几乎在所有古罗马人占领过的地区都能发现它们的踪迹，如图3.12（a）所示为来自庞贝城（Pompeii）的锁具[29]，可以清楚看到锁闩的放置；图3.12（b）所示为一组谢尔收藏的青铜钥匙与锁闩，钥匙上有4个扇形和2个长方形的齿销，配合通过锁闩的开孔[28]；图3.12（c）[28]与3.12（d）[24]所示分别为伯特·史匹克（Bert Spilker）收藏的青铜钥匙和在德国美因茨（Mainz）莱茵河（Rhine River）中发现的铁制钥匙。

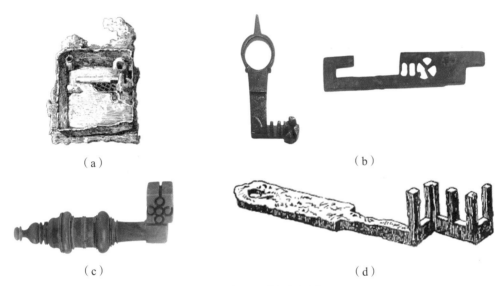

（a）　　　　　　　　　　　　　（b）

（c）　　　　　　　　　　　　　（d）

图 3.12　古罗马锁闩与钥匙

图3.9（b₃）所示之簧片木锁使用方式与簧片挂锁的设计原理似乎有些相似，就构造而言，簧片木锁相对简单，可能出现的时间较早。或许是因为簧片木锁的广泛使用，引发了锁匠的设计构想而制造出簧片挂锁，因为只要将簧片的固定端从门上改到锁栓上，另一端弓卡在锁体内墙。如此一来，挂锁中的障碍物就已经有了初步的模式。

根据出土的文物判断，古罗马时期已经广泛使用挂锁，在许多地区都能发现外形略有不同的簧片挂锁，如图3.13（a）所示为来自英国威茅斯（Weymouth）约旦丘（Jordan Hill）的铁制挂锁与钥匙[24]，锁梁固定在锁体上，锁栓与锁梁相对较长。另外在英国埃塞克斯郡（Essex Co）大切斯特福德（Great Chesterford）发现两把罗马挂锁，一是与图3.13（a）外形相似的图3.13（b），另一则是如图3.13（c）所示锁梁与锁栓较短的挂锁[24]，当锁栓移出后，锁梁与锁体之间有空隙，可以连上锁链后，再插入锁栓上锁。

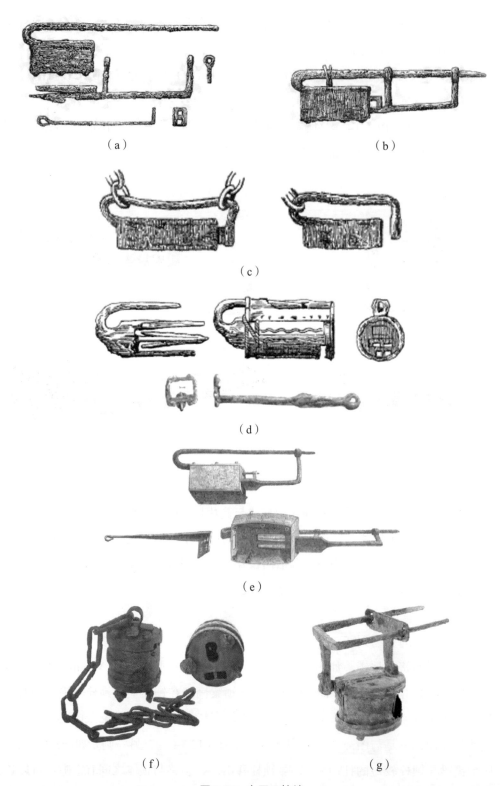

（a）

（b）

（c）

（d）

（e）

（f）

（g）

图 3.13　古罗马挂锁

图3.13（d）所示为来自俄罗斯、大约是1—4世纪的青铜挂锁，此锁保存状况良好[30]，外形与亚洲地区的部分挂锁相当类似，大约在1867年，俄国沙皇将这把锁捐赠给法国政府。图3.13（e）所示为发掘自英国塞伦赛斯特（Cirencester）的铁锁[30]，这把锁的外形也与中国大约3世纪的挂锁有着极高的相似性。此外，图3.13（f）（g）所示为古罗马时代遗留下来的筒形挂锁，这样的挂锁大多以青铜制作并搭配链条使用。图3.13（f）是少见的以铁制成的筒形挂锁，锁孔中有一根固定的小圆棒，让人容易推想需要对应中空的钥匙，且以旋转钥匙的方式开启锁具[31]。图3.13（g）所示则为青铜制的分叉锁梁筒形挂锁，该锁的直径只有1.8 cm，包含锁梁的宽度为3.5 cm，需要以滑动钥匙的方式开锁，是一把罕见的小巧筒形挂锁[31]。

古罗马人针对挂锁的外形与功能，做了进一步的改良，最著名且有代表性的类型是以人脸形象将锁孔隐藏起来的面具挂锁[31]。这样的挂锁最早出现在北意大利地区，之后经由贸易的进行及人员的交流，整个罗马帝国广大的区域范围中，都可以发现面具挂锁的踪迹，且其脸部的尺寸及发型的设计都有不同的样貌，如图3.14所示。面具挂锁主要以青铜制成，包含锁体、面具、锁栓、锁梁（少数为链条）、弹簧、挡板、钩板、钥匙等八机件，如图3.15所示。然而经过一两千年的光阴岁月，很难发现一把完整的面具锁，只能透过许多面具锁的收集与研究，拼凑出面具锁的机械构造与开锁方式，例如：从图3.16（a）的面具锁可以发现有一根铁销，因此可以推论需要中空的钥匙且以旋转的方式开启锁具；从图3.16（b）可以看出锁栓的位置及其可能需要搭配弹簧，才能确保锁栓产生扣紧锁梁的功能；图3.16（c）的面具锁有一片薄板，用于盖住锁体内部的机件并显示锁孔的位置；从图3.16（d）中发现挡板，并推测其功能是配合已遗失的钩板扣住面具。因此，开启面具锁时，需要先移动挡板再旋转钩板（也有可能是先旋转钩板再移动挡板），才能将面具旋转翻开、发现锁孔；接着插入钥匙，顺时针旋转钥匙超过180°后，移动锁栓并解除锁栓对锁梁的固定，才能旋转锁梁，完成开锁。此外，也发现一些构造相对简单的面具锁，省略了挡板与钩板，直接翻开面具就可以开锁。

图 3.14　古罗马面具挂锁

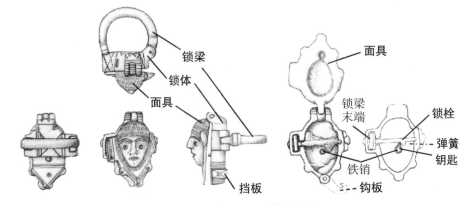

图3.15 古罗马面具挂锁机件

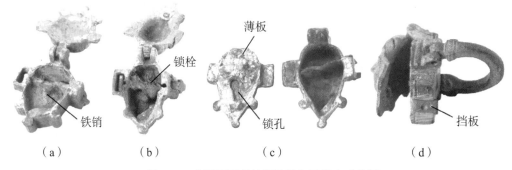

（a）　　　　　（b）　　　　　（c）　　　　　（d）

图3.16 古罗马面具挂锁构造与开锁方式分析

古罗马钥匙的样式非常多样，一般是由手柄或环、拉杆、齿销等三部分组成。根据构成的材料，可分为完全使用青铜制成的钥匙，只使用铁制成的钥匙，以及同时使用铁与青铜制成的钥匙等三类，其中混合材料的钥匙通常以青铜制作手柄或环，而铁则用于制作钥匙的拉杆与齿销。图3.17所示为出土于法国塔拉尔（Tarare）、属于高卢罗马时期（大约公元3世纪）的钥匙[30]，这把钥匙做工精致，手柄由青铜制成，外形呈现一个人坐在另一个人的身上，拉杆与齿销则是使用铁材制作而成。

图3.18所示为谢尔收藏的古罗马钥匙[28]，这四种类型的钥匙经常在古罗马遗址中被发现。有些钥匙设计成如戒指一般，除了有美观的效果之外，更因为古罗马人穿着的外袍没有袋子不方便存放，因此把钥匙做成戒指或项链戴着，也可防止遗失，可说是一举两得。通过文物分析与机构原理判断，图3.18（a）的钥匙应该是用于类似图3.8（d）或是图3.9（b₂）、图3.9（b₃）的木锁，图3.18（b）的钥匙则是用于如图3.10（b）的簧片栓锁形式。图3.18（c）所示之板式钥匙，由薄金属板制成，通常有镂空的图案，且有些图案非常复杂，目前还不能非常确定其用途，有可能是

用于簧片挂锁，因为中国的簧片挂锁常常有这样的板式钥匙；此外，这种镂空钥匙亦有可能是用于通过锁体内的凸块，达到开锁的效果。图3.18（d）所示之钥匙，其钥匙面与齿销呈直角形状，面上开有各种形状的缝隙，应是为了使其能通过位于锁闩下方、防止错误钥匙抬高制栓的凸块；钥匙拉杆平坦部分始终与齿销成直角，显示出将这类钥匙以滑行方式通过凸块后，再将钥匙以旋转方式抬起制栓；由以上推论是该钥匙用于凸块锁与簧片栓锁结合之锁具。

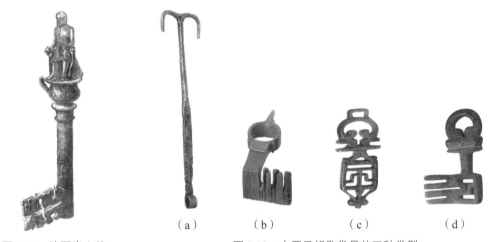

（a）　　　（b）　　　（c）　　　（d）

图 3.17　法国出土的　　　图 3.18　古罗马钥匙常见的四种类型
高卢罗马时期钥匙

二、中国古代金属锁

战国时期（公元前475—前221）之前出土的中国古代锁具相关文物，大致是以青铜与铁的古锁残件为主[22]。根据目前实际文物与文献资料，最早的完整簧片锁发现于秦始皇陵西北端郑庄村秦代石料加工场遗址，可追溯至公元前220年左右。根据该遗址相关出土遗物显示应是修筑秦始皇陵的临建设置，因当时有为数众多的刑徒，因此出土刑具总计有9件钳与1件桎，全部为铁制品；其中唯一的桎，具有两桎环，每一桎环由两个半圆形环组成，环的两端呈鸭嘴状，以榫卯套合并内贯铆钉，桎通长38厘米，一桎环上装设一把簧片铁锁[32][33]，如图3.19（a）。这把秦代刑具上的簧片铁锁，整体构造已经相当成熟，并且是以外加的方式应用在刑具上，因此可以推论簧片锁在中国的制造与使用，应该早于秦代（公元前221—前206）。

金属锁的大量使用，开始于东汉末年（约公元200年）[1]，材料以青铜与铁为主，且开始美化锁体，如在锁体上加入装饰物或是线条图腾等设计。图3.19（b）所示为大约3世纪的不同材质乳钉纹锁，这两把锁的外形与图3.13（e）古罗马挂锁非常相似；图3.19（c）所示则为大约6世纪的青铜锁[22]，外形呈现方体并具有较长的锁梁，与图3.13（a）、3.13（b）所示的古罗马挂锁相似。唐代（618—907）的制锁工艺相当发达，簧片锁的用途日益普遍，以青铜制品为主，有些则为黄铜、铁、银或金制品，其种类、外形及雕花亦日趋繁多，且加入鎏金工艺，大幅提升了锁具的艺术价值，图3.19（d）所示为大约8世纪的鎏金锁[22]。各朝代的刑具中，如枷、镣、铐、链等都会加入锁具，以提升防护效果，图3.19（e）所示为大约12世纪的刑具铁锁[22]，外形与图3.13（c）所示的古罗马挂锁相似，搭配链条产生捆绑的效果。

明代（1368—1644），需要特定的步骤与方式才能开启的机关锁，已被广泛制造与使用。这样的机关锁与普通锁不同，陌生人即便拥有正确的钥匙，一时半刻仍难以将锁打开。依开启方法与钥匙孔的形式，中国古代机关锁可分为组合锁、开放式锁孔锁、隐藏式锁孔锁及堵塞式锁孔锁等四类，类型相当多样，各具巧思创意，充分展现古代匠人不凡的工艺技术与高超智慧，图3.19（f）所示为清末民初的隐藏式锁孔锁，此锁长度将近20厘米、重量达1.25千克，锁体上刻有地名、品牌、花草图样以及对于生活的祝福语，是一把做工精良且罕见的大尺寸机关锁。有关机关锁的类型探讨、内部构造设计、开锁方式是本书的重点，将在第四至九章中详细介绍。

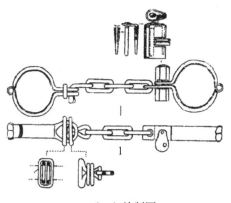

（a₁）绘制图

（a₂）实物

（a）刑具上的簧片铁锁

（b₁）铁锁（江西仙盖山古锁馆藏品）

（b₂）青铜锁

（b）乳钉纹锁

（c）方体青铜锁

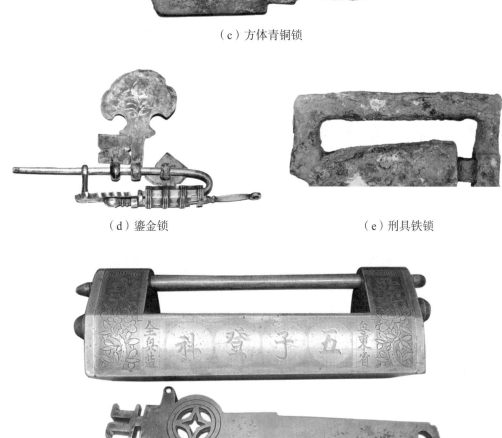

（d）鎏金锁　　　　　　　　　　　（e）刑具铁锁

（f）隐藏式锁孔锁（广东陈宝龙藏品）
图3.19　中国古代金属锁

三、现代金属锁

金属锁随着社会与科技的演进，发展出多样的锁具类型，根据设计原理的不同，可分为凸块锁、杠杆或制栓锁（包括杠杆制栓锁、布拉马锁、查布锁、针珠制栓锁、盘形制栓锁）、组合锁及时间锁等四大类。

1. 凸块锁（Warded lock）

古罗马人将古埃及和古希腊的锁钥予以综合，发明出凸块锁。从古罗马时期到19世纪针珠制栓锁（Pin tumbler lock）发明之前，锁具的基本原理并无突破性的进展，凸块锁一直是主流设计，且其机械构造仍然沿用至今。有些历史学家认为凸块锁是意大利北方伊特拉斯坎人（Etruscans）发明的[34]，但也有许多数据显示，当时的古希腊人与古罗马人也使用这种锁具。凸块锁的基本构想是在钥匙旋转的通道上，设置许多障碍物（就是所谓的凸块），而钥匙上开有与凸块对应的细长槽孔，只有正确的钥匙才能通过障碍物，也才能移动门闩，如图3.20（a）。因为凸块可以用小体积的金属来制造，所以锁具和钥匙可以设计得很小，甚至将钥匙制成如戒指一般，以利携带且防止遗失。而将锁与钥匙做成小巧精致的安全装置，直到现今仍是锁具制造商的努力目标之一。

自罗马帝国消失后，欧洲进入中世纪时期（5—15世纪），这个阶段的科学与教育渐渐式微，但锁具的研究与制造还是持续进行。中世纪兴起的锁匠行会（Guild）是一个很有权力的组织，行会可以制定学徒制度、锁匠的品德与规矩、锁匠技术考核及收费标准，可说是锁匠传统行规的起源。然而，强而有力的组织确实可以维持锁匠行业的发展，但也慢慢形成独裁专制、不求进步的行会。圈外人不肯投入锁匠行业，只能形成父子相传的师徒制，行会的制度运作持续到19世纪。这样的情况使得锁匠越来越保守，阻止了锁具的发展与进步，也让凸块锁成为欧洲近两千年以来的主要用锁。

时间进入到文艺复兴时期（14—17世纪），欧洲对于科学、工程、文化、艺术等主题开始大规模探索并取得良好成果之时，锁具却没有实质的进步，仍是以凸块锁为主流。此时的锁匠主要心力仍投注在精美复杂的外观造型及一些未必实用的设计上，对于锁具原理构造的改变及其安全性的提升，还是没有太多着墨，直到18世纪的制栓锁出现，锁具的发展才又产生明显的变化。图3.20（b）-（g）所示分别为11—13世纪罗马时期（Romanesque）的钥匙[6]、15世纪末哥特（Gothic）式样的门锁与钥匙[31]、17世纪文艺复兴（Renaissance）风格的锁具[6]、标示1744年的巴洛克（Baroque）式样锁具与钥匙及18世纪洛可可（Rococo）风格的精美钥匙[31]。大概在16世纪之后，欧洲地区之锁与钥匙的做工与用料越来越讲究，整体外形与设计更加细致且精美，除了是安全的防护装置之外，更是具有装饰价值的艺术品。

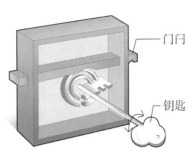

门闩

钥匙

（a）凸块锁基本构造

（b）罗马时期钥匙

（c）哥特式样门锁与钥匙

（d）文艺复兴风格门锁

（e）文艺复兴风格箱锁

（f）巴洛克式样

（g）洛可可风格钥匙

图 3.20　凸块锁

2. 杠杆或制栓锁（Lever or pin tumbler lock）

由于凸块锁的构造简单，容易利用一根金属条通过凸块打开门闩，安全性较低，因此发展出可防止错误钥匙开启的杠杆制栓锁。英国人罗伯特·巴伦（Robert Barron）改良凸块锁的设计，于1778年发明了杠杆制栓锁（Lever tumbler lock）。

门闩中有数根杠杆（制栓），每根杠杆底部的尺寸不同，只有正确的钥匙才能将每根杠杆提升到相同的高度来开锁。图3.21所示者为具有三根杠杆的制栓锁，正确钥匙可将三根杠杆提到相同高度，门闩上的止块才能通过制栓上的缺口，门闩也才能移动，达到开锁与闭锁的功能。

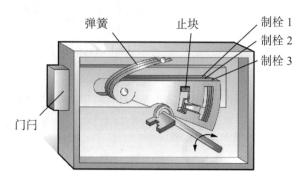

图 3.21　杠杆制栓锁

英国人约瑟夫·布拉马（Joseph Bramah）提到杠杆制栓锁有许多优点，但也指出其主要的缺点是每根杠杆底部的尺寸，透露出钥匙的尺寸。仿制钥匙时，可以透过在钥匙上涂蜡，插入锁中再取出，记录掉蜡的部分，透过反复几次试验，即可得到正确钥匙的尺寸，破解杠杆制栓锁。因此，布拉马于1784年提出了一种与凸块锁原理完全不同的设计，称为布拉马锁（Bramah lock），如图3.22所示[7]。此新型锁具有着圆柱形的钥匙，其上刻有不同深度的凹槽。锁体内的数个槽沟各有可滑动的挡片，各个挡片配合钥匙的凹槽深度，刻有不同位置的缺口，这些有缺口的挡片被固定在一个环形盘里，呈现闭锁的状态。开启时，钥匙的凹槽对准挡片插入，虽然挡片缺口位置不同，但借由钥匙对应凹槽的挤压而滑动至同一平面，此时的缺口形成一环形通道并对准环形盘。因缺口对准环形盘，使得钥匙可以转动挡片，并以滑动方式打开门闩。

布拉马锁结合弹簧、挡片、环形盘，发展出在当时开启难度极高的新型锁具，并以钥匙旋转带动门闩的开启方式，使得整体构造更为致密精巧。由于布拉马悬赏重金发给可以开启布拉马锁的人，造成新闻报纸的宣传报导，从此之后锁匠与发明家纷纷提出新的构想，使得锁具的设计与发明进入百家争鸣的时代。

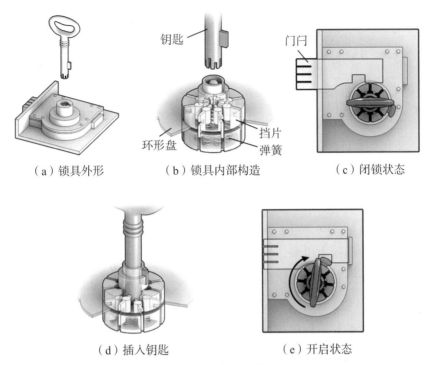

（a）锁具外形　　　　（b）锁具内部构造　　　　（c）闭锁状态

（d）插入钥匙　　　　（e）开启状态

图 3.22　布拉马锁

英国人杰理迈亚·查布（Jeremiah Chubb）改良杠杆制栓锁的设计，于1818年发明侦测锁，一般称为查布锁（Chubb lock），由六个正常的杠杆加上一个凸起的额外杠杆组成，可侦测出错误钥匙的使用。

美国人莱纳斯·耶鲁（Linus Yale）父子于1848—1861年期间，发明了近现代普遍使用俗称喇叭锁、珠子锁或弹子锁的针珠制栓锁（Pin tumbler lock），如图3.23所示[7]。由于利用所研发的模子和刀具以及市售的工具机大量生产，使得制作的锁具可以精度相同且安全性高，价格又相对便宜，因此开启全世界广大的市场。针珠制栓锁的机械构造原理与古埃及、中国木栓锁相似，同样使用锁栓作为障碍物来防止锁具被打开。不同之处主要有三点：其一是加入弹簧力，使两件式锁栓（上锁栓和下锁栓）确实落下，并可用于任何角度；其二是将原本钥匙上的小木齿改以缺刻取代，并把钥匙制成扁平状，方便插入锁孔；最后则是门闩由可旋转的锁筒控制。正确钥匙插入时，上锁栓与下锁栓的接触点形成的连线，恰好位在锁筒的外缘，透过钥匙转动，带动锁筒旋转并移动门闩完成开锁。若是错误的钥匙，上锁栓与下锁栓的接触点连线不会落在锁筒外缘，因此无法转动锁筒。

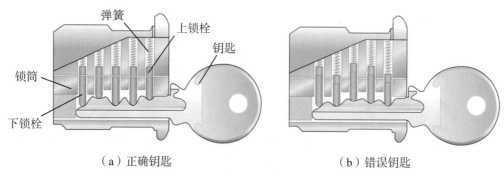

（a）正确钥匙　　　　　　　　　（b）错误钥匙

图 3.23　针珠制栓锁

盘形制栓锁（Disk or wafer tumbler lock）由针珠制栓锁衍生出来，使用可动的平盘片而非上下锁栓，由钥匙的单面或双面沟槽来启动（图3.24）。当插入正确钥匙，盘片恰好可以保持在柱塞的中央，使得柱塞可以在锁筒中转动。然而，这类锁的组合变化较针珠制栓锁少，安全性相对较低。

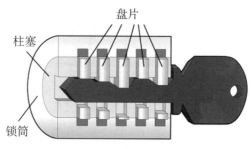

图 3.24　盘形制栓锁

3. 组合锁（Combination lock）

组合锁（或称密码锁）的开启，不需要实体钥匙，而是以一串不为外人所知的文字、数字、符号作为开启的钥匙。相对于其他类型的现代锁具，密码锁之组合数目可以高达上亿个变化，具有难以被破解、无钥匙可遗失或被复制、密码可重新设定，以及机械可靠度较高等优点，常使用于脚踏车链锁、行李箱锁、一般西式挂锁、大众置物柜锁、保险箱锁等。近年来，电子锁亦普遍加入密码开锁功能，使得按压密码成为锁具的开启方式。

有些现代文献指出，中国很早就使用组合锁，其基本构思可能源于谜语游戏、汉代齿轮、宋代算盘珠等，但并未提出任何佐证资料。《科利尔百科全书》（Collier）中叙述到组合锁最早出现于中国，是第一种不需钥匙开启的锁具（*Combination locks, often called dial locks, had their beginnings in ancient china, where the first keyless locks were developed*）。然而，这部百科全书也没有提出明确的证据。直至现今，仍未发现记载中国组合锁的古籍文献，若是从文物的角度而言，中国最早的组合锁可追溯至清朝时期（1644—1911）。

　　根据目前的文献资料，著名的工程师与发明家阿尔加札里（Al-Jazari）在其1206年所著的书中，提出一款新型且复杂的组合锁，该锁装设在箱子上，类似现代的保险箱，如图3.25（a）所示[35]。书中亦提到当时已有多种不同数量的转轮与文字的组合锁类型，证实在12世纪之前，美索不达米亚地区已经开始制造与使用多款组合锁。图3.25（b）所示为谢尔收藏（Schell Collection）的组合挂锁，该锁出土于阿富汗加兹尼（Ghazni，Afghanistan），可追溯至12世纪，锁体刻有精美图腾，做工精致、造型优美，其制造方法相当成熟，应是长时间发展而传承下来的工艺技术。图3.25（c）所示为中国传统的七转轮组合锁，虽然整体外形风格与中东地区的组合挂锁有些差异，但基本原理完全相同。

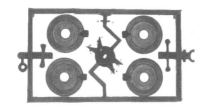

（a）[35]

（b）拍照：Hannah Konrad　文字：Martina Pall

（c）（NSTM 藏品）

图 3.25　古代组合锁

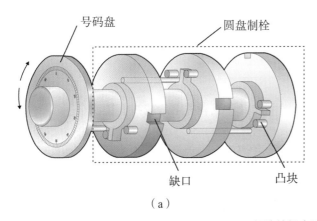

号码盘　　　　　　　　圆盘制栓

缺口　　　　凸块

（a）

（b）（NSTM 藏品）

图 3.26　保险箱组合锁

古今中外的组合锁各具特色，其内部的设计虽然不尽相同，但却有共同的操作原理，即皆利用旋转转盘或按压按键，来转动一个或数个各有其对应轴的内转轮。欧洲于17世纪，开始将组合锁使用于珠宝盒与保险箱，图3.26（a）所示者为主要用于保险箱的组合锁，外部有一个号码刻度盘（号码盘），内部有几个圆盘（通常是3或4个）依序排列、安装在同一个旋转主轴上，并与锁体外面的号码盘相连。开锁时，号码盘转几次后停在一个预先决定的号码上，往相反方向转几次后停在第二个预先决定的号码上。当转到正确的数字时，第二个圆盘上的凸块会跟着第一个圆盘拉动，重复此过程，直到所有圆盘的缺口在同一位置时，即可释放锁住的门闩，完成开锁，如图3.26（b）所示约20世纪30年代的组合锁保险箱。

4. 时间锁（Time lock）

美国人詹姆士·萨金特（James Sergent）于1865年改良了苏格兰人威廉·卢瑟福（William Rutherford）所设计的时间锁，其设计配有齿轮带动的时钟，隐藏在地下室，可在指定的时间松开闭锁的门闩，并且须配合保险箱正确的密码才可以开锁，成为近现代银行地下室保险箱常用的锁具。

5. 分类

现今使用的金属锁具，大多数是经由改进或重新变化西方古锁的设计而得，依使用目的与安装方式的不同，可大概分为挂锁、弹簧锁、单闩锁、门缘锁、榫眼锁、汽车锁及行李锁等[34]，以下分别说明。

① 挂锁（Padlock）

挂锁是携带式锁具。西式挂锁的锁体有一旋转钩环，中式挂锁的锁体则有一滑动锁梁，用以扣住钉、孔、链，或者其他阻碍物。

② 弹簧锁（Night latch）

弹簧锁是一种结合形成斜面之门闩的锁具，门关上时门闩会缩回去，使锁具自动锁上，其缺点为容易被木片撬开。

③ 单闩锁（Dead latch）

单闩锁有一方形门闩，用手转动把手以打开或者关上，较弹簧锁安全。

④ 门缘锁（Rim lock）

门缘锁用于抽屉或者门的表面。

⑤ 榫眼锁（Mortise lock）

榫眼锁装在门上事先开好的洞中，除了外面的球形门柄被锁住外，亦可从两侧操作其门闩。

⑥ 汽车锁（Auto lock）

19世纪后期出现汽车之后，锁也使用在汽车中。1920年后，几乎每辆汽车都装有启动点火锁、车门锁及行李厢锁。此外，还有其他交通工具也装设锁具。

⑦ 行李锁（Luggage lock）

为了保护随身行李不被任意打开而安装的锁。

第五节　小结

人类有了保护私有财产的观念之后，便产生了锁具；然而依据现有的文献资料和藏品，无法得知最早的锁具于何时、何地，由何人所发明，若是依目前的研究资料推论，最古老的锁是出现在距今4000多年前的古埃及木锁。

从材料发展的历史观点言之，锁具可分为绳结锁、木锁、金属锁等类型。绳结锁可算是一种原型锁具，古希腊人和中国人都曾以复杂的结绳来系紧房门或保护财物。最早的具体锁具应是木锁，古埃及、中国、古希腊皆有之。中国目前发现最早且完整的金属簧片锁出土于秦始皇陵遗址，该锁装设在刑具中。而古罗马人对于锁具的发展做出许多贡献，设计制造出西方最早的金属锁具，并且加入隐藏锁孔的机关构想，成为目前最早且有系统的机关锁。

现今使用的金属锁具，大多数是改进西方古锁的设计而得，依使用的方式，可分为挂锁、弹簧锁、单闩锁、门缘锁、榫眼锁、汽车锁、行李锁等七种，亦发展出凸块锁、杠杆或制栓锁（杠杆制栓锁、布拉马锁、查布锁、针珠制栓锁、盘形制栓锁）、组合锁、时间锁等不同原理的锁具。凸块锁为古罗马人所发明，其原理构造仍然沿用至今。英国人巴伦于1778年发明了杠杆制栓锁，英国人布拉马于1784年提出具有圆柱形钥匙的布拉马锁，英国人查布于1818年发明可侦测出错误钥匙的查布锁。美国人耶鲁父子于1848—1861年期间，发明近现代普遍使用的针珠制栓锁，其构造原理与古埃及、中国木栓锁相似；而美国人萨金特于1865年设计开发出近代银行地下室保险库常用的时间锁。古籍文献还未发现关于中国古代组合锁的记载，传世的组合锁则可追溯至清朝时期；12—13世纪的美索不达米亚已有组合锁的出土文物及组合锁箱子的文献记录；借由不断的文化传播交流，欧洲在17世纪开始将组合锁使用于珠宝盒与保险箱。

西方锁具的发展，虽然曾历经朦胧不清的时期，但其原理和构造的演进是循序改善，机械机件大多为齿轮、凸轮、连杆、弹簧等；虽然多数使用栓锁，但是趋于多元化的发展。中国古代的木栓锁，多用于建筑物的门户，其发展相对缓慢，相关改进仅是栓木多寡和闩木大小的差别；中国古代的挂锁则可用于锁门窗或锁屋内的箱箧、柜子，以保护私人财物或防止外人入侵。与西洋锁相比较，早期中国挂锁最大的特点在于锁孔的设计十分巧妙，有些锁具的钥匙不易插入锁体上的锁孔，有些锁具的锁孔则隐藏在各种机关之下，使人难以发现。从秦代开始，金属挂锁一直是中国人的主要用锁，两千多年来，其外观虽然有所变化，但是内部构造始终没有太大的改进。到了20世纪40年代以后，由于西方针珠制栓锁的广泛使用，中国传统锁具才逐渐地退出舞台。

19世纪前的锁具，都是手工制造，锁匠对于锁的构造都有自己的想法。美国人耶鲁父子于19世纪中叶，开始利用工具机大量制作锁具。20世纪下半叶以来，更具实用性与安全性的锁具陆续问世，与锁具相关的工具和设备也有长足的进步。锁具的设计与制造，除了传统的机械原理外，亦引进磁场、电子、计算机方面的相关技术，使得锁具单纯的开闭功能产生不同变化。锁亦可以辨认使用者的身份，甚至可由特定的声音、指纹、瞳孔等作为开启装置。再者，以锁具和钥匙的概念所衍生出来的事物，如计算机和提款机的密码设定、网际网络的安全问题等，使得未来锁与钥匙的发展，进入前所未有的挑战。

有道是："鉴古证今，旧为今用，温故知新。"自古以来，锁具产品不断推陈出新；随着电子科技和材料的日新月异，加上现代系统化的设计方法和制造技术，古代、近代、现代锁具的再利用和创新，是有历史脉络可以依循。此外，有些近代创作的设计理念，早已出现在古代的发明中，如古埃及木栓锁、中国古代木栓锁、近现代针珠制栓锁的构造原理大同小异，即为典型的例子。因此，认识锁具的发展史，不但可以了解前人尝试和改进的过程，及其累积的知识宝库，亦可从中激发出现代创意设计的灵感，研究发明出更可靠的锁及更奇异的钥匙。再者，透过本章的介绍，可以发现数个古文明地区的许多锁与钥匙类型，存在相当多共同性与相似性，正如李约瑟博士在《中国科学技术史》第四卷第二分册《锁匠的技艺》最后一段提到的重要问题："亚洲与欧洲之间锁具的技术传播是如何发展？"这个课题有待更多专家学者与锁具藏家的投入，才能进一步解开谜题，完成失落的拼图。

第四章

开放式锁孔锁

中国古代机关锁的种类相当多样，其中，可以直接从锁体看到锁孔并且手拿正确钥匙，却仍然不容易立即解锁的开放式锁孔机关锁，是非常具有特色的锁具类型。根据设计方式的不同，开放式锁孔锁主要可以分成外加障碍锁、钥匙非直接插入锁、多段开启锁等三种形式。

第一节　外加障碍锁

外加障碍锁最简单的类型是直接在锁孔外加一片固定挡片，借由固定挡片让钥匙不容易插入锁孔，因此，正确的钥匙形状必须配合固定挡片的尺寸，才能让钥匙穿越障碍完成开锁。由于固定挡片与锁体之间没有相对运动，可视为同一机件，因此此类锁包含锁体、锁栓、簧片、钥匙等四机件，如图4.1所示。

图 4.1　外加固定障碍锁（NSTM 藏品）

除了在锁孔外设置固定挡片，增加钥匙插入的难度之外，亦可以在一般锁的基本构造上，借由额外加入可动的挡板或按钮作为障碍物，提升整体开锁的难度，在没有移除障碍物之前，无法使用正确的钥匙开启锁具。根据障碍物位置的不同，又可分为锁孔障碍、锁栓障碍、锁体障碍等三类。外加可移除障碍锁有锁体、锁栓、簧片、障碍物、钥匙等五机件，其开启程序可分为移除障碍物、插入钥匙、压缩簧片、移出锁栓等四个步骤。

图4.2所示[13]为外加锁孔障碍锁，有一可动挡板挡住位于锁体下方的锁孔，必须先将挡板沿正x轴方向移动，锁孔才能完全呈现。开锁时，钥匙齿销向上沿正y轴方向插入锁孔，再沿正x轴方向移动钥匙、压缩簧片、移出锁栓，完成开锁。

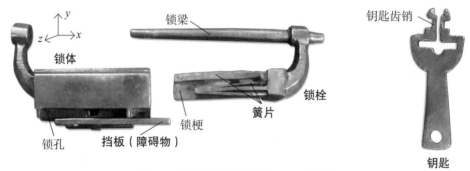

图 4.2　外加锁孔障碍锁（NSTM 藏品）

图4.3所示[13]为外加锁栓障碍锁，有两组装饰钮分别位于锁体正面前后两侧，一组可动、一组固定不动。锁栓的侧件上有一条通道，可动钮起初位于通道最下方并且卡住锁栓，在这样的状态下，即使钥匙压缩所有的簧片，仍然无法将锁栓移出。开锁时，必须先将可动钮沿正y轴方向移动，才能插入钥匙、压缩簧片、移出锁栓，完成开锁。

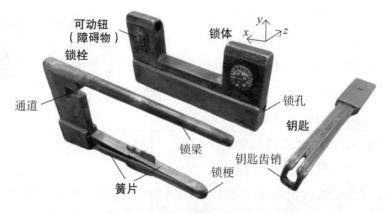

图 4.3　外加锁栓障碍锁（NSTM 藏品）

　　图4.4（a）所示为外加锁体障碍锁，锁体上刻有花草图腾，外形与一般广锁不同，这种形式的锁主要出自云南省丽江市，因此又称为丽江锁。此锁锁孔位于锁体底部，有一可动挡板插入锁体孔中，阻挡钥匙前往簧片的通路。该挡板另装上一小簧片，由于小簧片的作用，可动挡板紧实地位于锁体孔中。开启时，必须先将挡板下压后再沿正x轴方向拉出，如图4.4（b）所示，才能开通钥匙前往簧片的通路，此时方能将钥匙插入锁孔、压缩簧片、移出锁栓，完成开锁，如图4.4（c）所示。这把锁的原配可动挡板及另装的小簧片已经遗失，现代巧匠根据其他丽江机关锁的形式及自身想象，进行装修后配。虽是后配，但总体构造应与该锁原始状态相似。

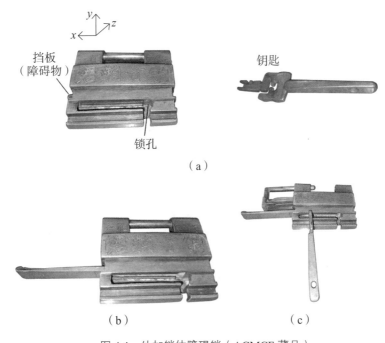

图 4.4　外加锁体障碍锁（ACMCF 藏品）

第二节　钥匙非直接插入锁

　　开启一般锁，只要将钥匙头直接插入锁孔，继续向前移动钥匙，即可压缩簧片、移出锁栓。然而，对于钥匙非直接插入的机关锁而言，将钥匙头插入锁孔需要更多的耐心与方法，这样类型的机关锁其设计方式相当多样，根据开锁方式的特征，可分为旋转开锁、倒拉锁、侧边开锁、钥匙折叠开锁、迷宫锁等五类，一般包含锁体、锁栓、簧片、钥匙等四机件。

一、旋转开锁

需要旋转钥匙才能插入锁孔或压缩簧片的开锁类型相当多样，又可细分为钥匙从锁体端面插入与正面插入两种类型。图4.5（a）所示是一款常见的端面插入旋转锁形式，锁栓上有"黄五胜"款，锁梗末端呈圆柱形，且长度加长至接近锁孔位置，主要有两个功能：其一为防止错误钥匙进入；其二为引导钥匙转动，钥匙则由中空圆柱体及对应锁孔与簧片构形的钥匙头组成。钥匙插入锁孔后，钥匙头会被锁梗阻挡，需要先旋转避开锁梗才能再次插入，因此开锁程序分为插入钥匙、旋转钥匙、再插入钥匙、压缩簧片、移出锁栓开锁等五步骤，这样的类型又有转冲锁之称。图4.5（b）所示为另一把开启方式相同的转冲锁，锁孔呈现类似英文字母"P"的形状，锁体则刻有"囍"字、人物、祥兽及山水图样。

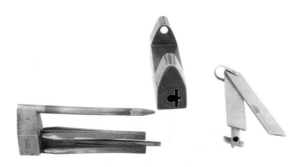

（a）（美国艺智堂藏品）

（b）（NSTM 藏品）

图 4.5　端面插入锁（转冲锁）

另一种端面插入之锁具形式是将锁孔设计成螺纹的样貌，再配合钥匙头呈现中空形式并制成螺纹与锁孔相配合，因此，钥匙直接以螺旋方式插入锁孔后，继续向前压缩簧片开锁，如图4.6所示为来自湖南、锁梁呈现牛尾造型的螺旋锁。

图 4.6　端面插入锁（螺旋锁）（ACMCF 藏品）

图4.7所示为一款钥匙从正面插入的锁具类型，该锁不是一般常见的广锁形式，其锁孔位于锁体正面，两片簧片分别连接在锁梗两侧。开锁时，钥匙齿销向上沿正y轴方向插入锁孔，以正y轴方向为轴旋转270°后，再沿正x轴方向移动、压缩簧片、移出锁栓，完成开锁。

图 4.7　正面插入锁（美国艺智堂藏品）

二、倒拉锁

中国古代的簧片锁通常借由钥匙插入锁孔后，继续向前移动钥匙、压缩簧片、移出锁栓，然而倒拉锁却是透过钥匙插入锁孔后，再将钥匙往回拉，完成开锁的程序。根据簧片位置与开锁方式的不同，倒拉锁又可细分为钥匙直接倒拉与钥匙旋转再倒拉两类，包含锁体、锁栓、簧片、钥匙等四机件。

图4.8（a）所示为钥匙插入后直接倒拉锁，材质为白铜，共有左右对称的两个簧片。锁的钥匙是有弹性的薄钢片，钥匙柄处开一小圆孔，另一头的钢片稍上卷，在钥匙头处留出一个长方形孔。锁孔是端面下方一条细细的开缝，几乎看不出来。开锁时，要将钥匙插入端面下方的细缝锁孔，钥匙向前插到底后就会发出响声，这是因为钥匙头上弹，上面的长方形孔恰巧卡入锁梗连接簧片处。然后将钥匙往回拉，长方孔的两侧就会夹紧簧片，使其穿过锁体内墙，拉出锁栓，完成开锁，图4.8（b）为其开锁3D透视图。

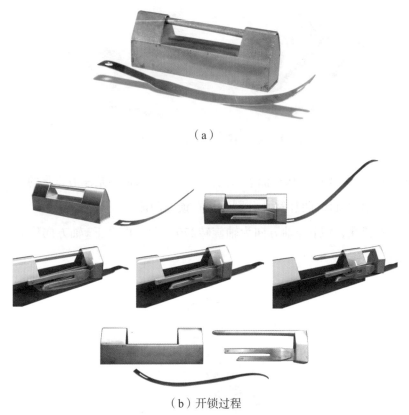

（a）

（b）开锁过程

图 4.8　钥匙直接倒拉锁（NSTM 藏品）

图4.9所示为钥匙插入后旋转再倒拉，此锁最特殊之处是单一簧片直接连接于锁体下方而不是锁梗上，借由簧片末端上翘顶住锁梗，使锁栓无法移动达到闭锁功能；另一特色则是在锁栓加入一根引导钥匙进出的小铜条，钥匙必须是中空圆柱长条形，才能配合小铜条。开启时，钥匙齿销向上沿负x轴方向插入锁孔，借由小铜条的引导插入到底后顺时针旋转180°，此时钥匙齿销刚好压下上翘的簧片，因而释放锁梗，才能将钥匙沿正x轴方向拉出锁栓、开启锁具。

图 4.9　钥匙旋转倒拉锁（ACMCF 藏品）

三、钥匙侧边开锁

锁孔一般位于锁体端面上，供钥匙插入后，直接向前推动移出锁栓。事实上，锁孔除了位于端面之外，还可以设计在锁体的其他位置，也因此衍生出不同的开锁方式。根据钥匙插入方式与锁孔位置，这类锁具又可细分为钥匙从锁体顶板插入、端面插入、底部插入等三类，包含锁体、锁栓、簧片、钥匙等四机件。

图4.10所示为钥匙从锁体顶板插入锁，锁孔设计在锁体上方顶板并延展至端面内侧，锁体内共有上下对称的四个簧片。开锁时，钥匙齿销朝向负 x 轴方向插入端面内侧的锁孔，以正 z 轴方向为轴旋转90° 后再沿正 x 轴方向移动，压缩簧片，移出锁栓，完成开锁。

图 4.10　上方插入锁（美国艺智堂藏品）

图4.11所示为钥匙从锁体端面插入锁，锁孔位于锁体下方，锁孔外设置一片固定的底板，使钥匙不能轻易地插入锁孔。共有六个簧片分别装设在锁梗不同的位置与方向，增加钥匙头压缩簧片的难度。开锁时，钥匙齿销朝锁体与底板中空处沿正 x 轴方向插入后，以正 z 轴方向为轴旋转90° ，再沿正 x 轴方向移动，钥匙头恰好同时压缩六个簧片，移出锁栓，完成开锁。

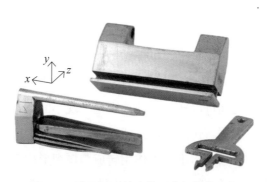

图 4.11　端面插入锁（美国艺智堂藏品）

图4.12（a）所示为钥匙从锁体底部插入锁，亦是一把锁体上刻有花草图腾的丽江锁，其锁孔位于锁体底部，共有三个簧片分别连接在锁梗左右两侧及下方。开启时，钥匙齿销沿正y轴方向插入锁孔后，再沿正x轴方向移动、压缩簧片、移出锁栓，完成开锁。此外，若没有将锁栓回推至上锁位置，钥匙是无法取下离开锁体，这样的设计又称为"将军不下马"，钥匙比喻将军，锁栓比喻马，没将马拴好前，将军不离开马。另一款也是从锁体底部插入的相似设计如图4.12（b）所示，侧件带有"黄五胜"款，其锁体、簧片及钥匙的外形都与图4.11相似，最大的差别是钥匙插入的位置。

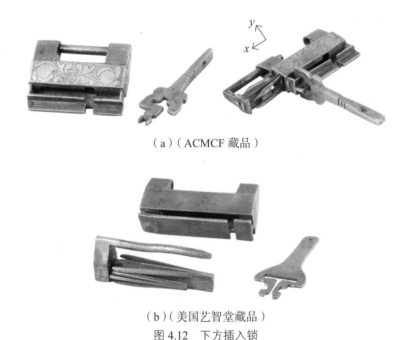

（a）（ACMCF 藏品）

（b）（美国艺智堂藏品）

图 4.12　下方插入锁

四、钥匙折叠锁

簧片锁的钥匙绝大多数都是单一机件，然而，也有少数的钥匙是由两个机件组合而成，如图4.13所示为一把来自湖南的钥匙折叠锁，此锁最大特色是钥匙分成齿销与握把两机件，两者之间可以转动，锁孔则是呈现小的正方形状，有利于防止其他钥匙的插入。开启时，先将钥匙的齿销插入锁孔后，略微甩动使齿销旋转且与握把形成垂直的90°；或是齿销借由重力作用转成与握把形成垂直的角度，才能以此状态移动钥匙，使得齿销可以压缩簧片、移出锁栓，完成开锁。

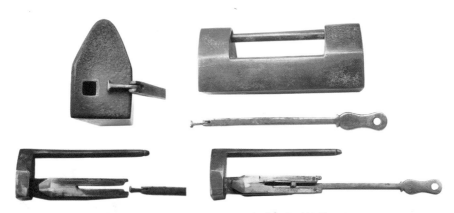

图 4.13　钥匙折叠锁（江西仙盖山古锁馆藏品）

五、迷宫锁

迷宫锁又称定向锁，在开锁过程中，必须将钥匙头的特定部分、以特定的方位与锁孔的特定位置接触，并以特定的运动方式才能将钥匙插入。由于开锁的过程像是在走迷宫，因此得名，而这样的设计，即使手拿正确的钥匙，并明确看到锁孔的位置，却仍难以将钥匙头插入锁孔中，让开锁者望锁兴叹困扰不已。再者，钥匙头插入锁孔的过程颇为复杂，以惯用手操控钥匙可以提升使用的方便性，所以特别设计制作方便左手或右手使用的迷宫锁。根据钥匙头插入锁孔之第一步骤的运动方式，迷宫锁又可细分为钥匙第一步骤以旋转插入、以滑动插入、以扭转插入锁孔等三类，机件包含锁体、锁栓、簧片、钥匙等四部分[12]。

1. 钥匙第一步骤以旋转插入

图4.14（a）所示为方便右手操作且需将钥匙旋转三次，才能将钥匙头插入锁孔的迷宫锁。该锁孔设计在锁体端面并延展至底部，为一立体锁孔，共有上下对称和位于下方的五个簧片。钥匙头为一封闭的四边形，并在四边形上设有凸块。开启时，钥匙头水平放置在底部锁孔上，第一步以正z轴方向为轴旋转90°；第二步以正x轴方向为轴旋转90°；第三步再以正z轴方向为轴旋转90°，才能将钥匙头插入锁孔，之后继续移动钥匙、压缩簧片、移出锁栓，共要六个步骤才能完成开锁，开锁过程如图4.14（b）所示。图4.15所示为方便左手使用的此类型迷宫锁，同样需要三次旋转才能插入钥匙。此外，也有只需将钥匙旋转两次即可插入锁孔的迷宫锁，其锁孔一般位于端面，属于平面锁孔，如图4.16所示。

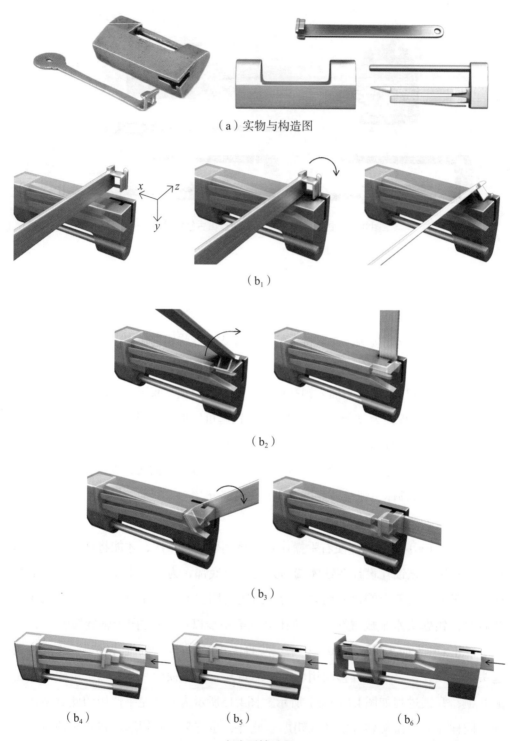

（a）实物与构造图

（b₁）

（b₂）

（b₃）

（b₄）　　　　　（b₅）　　　　　（b₆）

（b）开锁过程

图 4.14　三旋转迷宫锁－右手操作（NSTM 藏品）

图 4.15 三旋转迷宫锁－左手操作（美国艺智堂藏品）

（a）（美国艺智堂藏品）

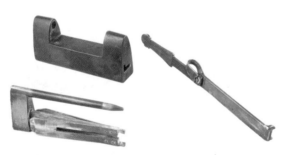

（b）（美国艺智堂藏品）
图 4.16 二旋转迷宫锁

图4.17（a）所示为钥匙头先旋转再水平移动，才能插入锁孔的迷宫锁，该锁孔设计在锁体端面并延展至正面，为一立体锁孔，共有左右对称的两个簧片，钥匙头则由四个大小不一的凸块组成。开启时，钥匙头水平放置在端面锁孔上，第一步以负 z 轴方向为轴旋转90°；第二步以负 y 轴方向为轴旋转且沿负 z 轴与正 x 轴方向移动，将钥匙头略为移至锁体正面位置；第三步以正 z 轴方向移动，接着沿正 x 轴方向移动，才能将钥匙头插入锁孔，之后继续移动钥匙、压缩簧片、移出锁栓，共要七个步骤才能完成开锁，开锁过程如图4.17（b）所示。

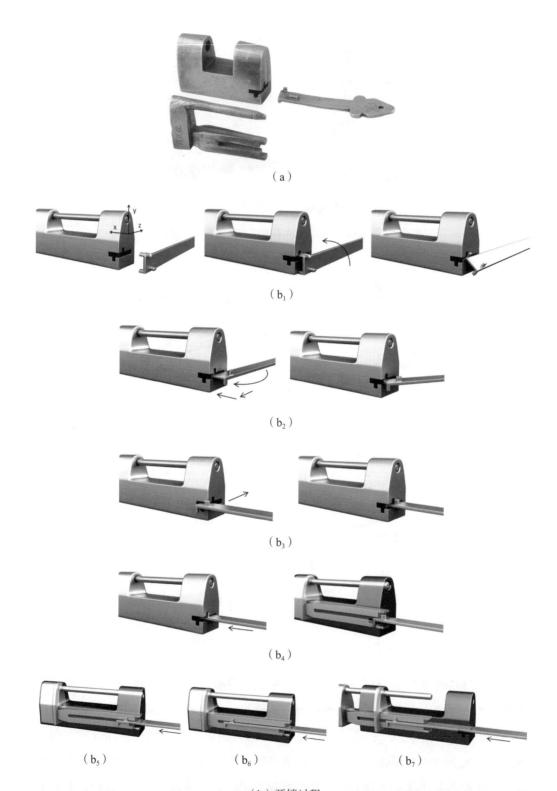

（a）

（b₁）

（b₂）

（b₃）

（b₄）

（b₅）　　　　　（b₆）　　　　　（b₇）

（b）开锁过程

图 4.17　钥匙旋转水平移动迷宫锁（美国艺智堂藏品）

2. 钥匙第一步骤以滑动插入

图4.18（a）所示为钥匙头先滑动再旋转再滑动，才能插入锁孔的迷宫锁。该锁孔设计在锁体端面并延展至底部，为一立体锁孔，共有上下左右对称的四个簧片，钥匙头则以一大一小的两凸块组成。开启时，钥匙头垂直放置在底部锁孔上，第一步先将小凸块沿正y轴方向滑动进入锁孔；第二步以正z轴方向为轴旋转；第三步将钥匙沿正x轴方向滑动；第四步以负z轴方向为轴旋转并让大凸块进入锁孔中；第五步持续以负z轴为轴旋转，才能将钥匙转至端面，继续移动钥匙、压缩簧片、移出锁栓，共要八个步骤才能完成开锁，开锁过程如图4.18（b）所示。图4.19所示者为方便左手使用的此类型迷宫锁。

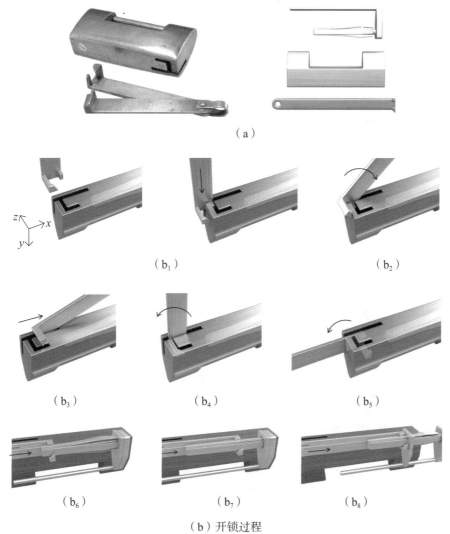

（a）

（b_1）　　　　　　　　　　（b_2）

（b_3）　　　　　　　（b_4）　　　　　　　（b_5）

（b_6）　　　　　　　（b_7）　　　　　　　（b_8）

（b）开锁过程

图 4.18　钥匙滑动旋转滑动迷宫锁－右手操作〔NSTM 藏品〕

图 4.19　钥匙滑动旋转滑动迷宫锁－左手操作（美国艺智堂藏品）

　　图4.20所示为两把开启方式相同的钥匙滑动插入迷宫锁，其中一把为立体锁孔，另一把为平面锁孔，皆为左右对称的四簧片锁。开启时，钥匙头先沿正x轴方向滑动进入锁孔，再以正y轴方向为轴旋转，即可将钥匙头插入锁孔，继续移动钥匙、压缩簧片、移出锁栓，完成开锁。

（a）立体锁孔（美国艺智堂藏品）

（b）平面锁孔（美国艺智堂藏品）

图 4.20　钥匙滑动旋转迷宫锁

图4.21所示为另一类钥匙滑动插入锁孔的迷宫锁，钥匙头为一封闭的四边形，并沿钥匙握把开出一小通道。开启时，钥匙头A处放置在底部锁孔上，第一步沿正 y 轴方向滑动进入锁孔；第二步以负 z 轴方向为轴旋转，即可将钥匙头插入锁孔，继续移动钥匙、压缩簧片、移出锁栓，完成开锁。

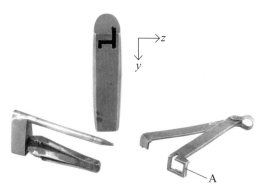

图 4.21　钥匙滑动迷宫锁（美国艺智堂藏品）

3. 钥匙第一步骤以扭转插入

以扭转方式插入钥匙的迷宫锁，其钥匙通常呈现弯曲形状，锁孔的位置与形状依锁体和钥匙头的形式而有所不同，簧片数亦有变化之处。开启时，钥匙头扭转插入锁孔、继续移动钥匙、压缩簧片、顺势移出锁栓，共有四个步骤完成开锁。图4.22（a）所示为一把具有鱼外形的扭转插入迷宫锁，4.22（b）所示为其开锁过程。图4.23则为另一把来自湖北岳口的扭转插入迷宫锁，锁体外形是常见的广锁形式。

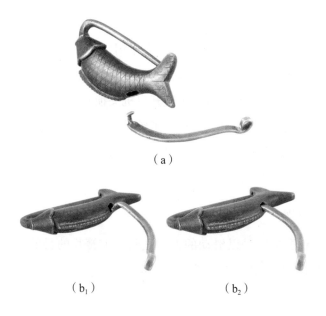

（a）

（b₁）　　　　　（b₂）

（b₃）　　　　　　　　　　　　　　　（b₄）

（b）开锁过程

图 4.22　钥匙扭转迷宫锁－鱼形锁（美国艺智堂藏品）

图 4.23　钥匙扭转迷宫锁－岳口锁（湖北周庆洪藏品）

第三节　多段开启锁

中国古代的簧片构造锁借由簧片的弹力作用，产生阻挡锁栓被移动的效果。一般而言，簧片设计成相同长度，钥匙插入后，钥匙头压缩全部簧片，使得锁栓可以移出锁体，完成开锁。然而，对于多段开启机关锁而言，簧片通常设计成不同长度，使得压缩簧片的过程更为复杂，提升了锁具的安全性。这样类型的机关锁设计方式相当多样，根据开启方式的特征，可分为插入旋转锁、多次插入锁、双梁锁等三类。

一、插入旋转锁

一般而言，钥匙通常是以滑动的方式达到压缩簧片的目的，然而，插入旋转锁是在钥匙插入锁孔后，借由旋转钥匙压缩第一段长簧片。以下介绍两款插入旋转锁。图4.24所示为钥匙旋转两次锁，侧件上落有"五盛"款，包含锁体、锁栓、长簧片、短簧片、钥匙等五机件。开启时，钥匙齿销朝向右方，第一步沿正z轴方向滑动进入锁孔；第二步以负z轴方向为轴旋转90° 压缩长簧片及移出部分锁栓；第三步以正z轴方向为轴旋转180° 压缩短簧片；第四步移出全部锁栓，完成开锁。

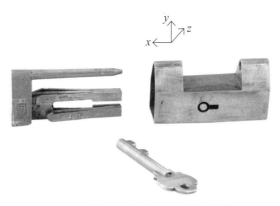

图 4.24　钥匙旋转两次锁（美国艺智堂藏品）

图4.25（a）所示为钥匙旋转后发现隐藏锁孔锁，包含锁体、锁栓、端板、长簧片、短簧片、钥匙1、钥匙2等七机件，锁孔a位于锁体正面左方，另一锁孔b则被可转动的端板遮住形成隐藏锁孔。开启时，第一步钥匙1沿正z轴方向滑动进入锁孔a；第二步以正z轴方向为轴旋转90° 压缩长簧片；第三步移动部分锁栓，并抽出钥匙1。由于移出部分锁栓，才能转动原先被锁梁穿过的端板，并且发现锁孔b。将钥匙2对准锁孔b沿正x轴方向滑动插入，再将钥匙2以负y轴方向为轴旋转90° 才能插入锁孔，并沿正x轴方向继续移动钥匙2、压缩短簧片、移出全部锁栓，完成开锁。

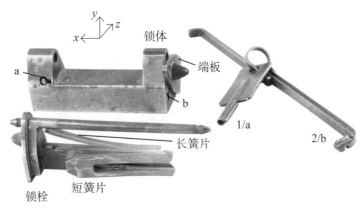

（a）铜质旋转钥匙锁（美国艺智堂藏品）

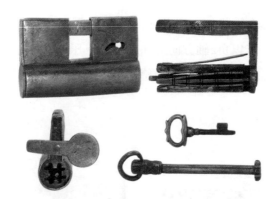

（b）铁质旋转钥匙锁（谢尔收藏）

文字：Martina Pall，图片：Hannah Konrad，技术图纸：Maria Windholz-Konrad

图 4.25　钥匙旋转后发现隐藏锁孔锁

图4.25（b）所示为谢尔收藏（Schell Collection）的铁质旋转钥匙锁，虽然开启方式与图4.25（a）相同，但整体造型与材料仍有相当大的差异性，借由增加簧片的数量及加长锁梗的长度，提升钥匙复制的难度，也强化了开锁的安全性。

二、多次插入锁

增加簧片的长度变化，可以设计出钥匙需要多次插入锁孔，分别压缩不同长度的簧片，才能依序移出锁栓、完成开锁的多次插入锁。依现存的传世古锁分析，又以两次插入锁最为常见，根据钥匙与锁孔的数量，可细分为一钥匙一锁孔、两钥匙一锁孔、两钥匙两锁孔等三类。图4.26所示为一钥匙一锁孔的两次插入锁，锁孔呈"一"字形，包含锁体、锁栓、长簧片、短簧片、钥匙等五机件。开启时，先将钥匙齿销向下插入锁孔、压缩长簧片、移出部分锁栓；再将钥匙齿销向上插入锁孔、压缩短簧片、移出全部锁栓，完成开锁。

图 4.26　两次插入锁之一钥匙一锁孔（美国艺智堂藏品）

图4.27所示为两钥匙一锁孔的两次插入锁，锁孔呈正方形，包含锁体、锁栓、长簧片、短簧片、钥匙1、钥匙2等六机件。开启时，先以钥匙1之齿销朝上插入锁孔、压缩长簧片、移出部分锁栓；再将钥匙2之齿销朝下插入锁孔、压缩短簧片、移出全部锁栓，完成开锁。

图 4.27　两次插入锁之两钥匙一锁孔（美国艺智堂藏品）

图4.28（a）所示为两钥匙两锁孔的两次插入锁，锁孔呈"吉"字形，巧妙地分成"士"字形与"口"字形两个锁孔。该锁罕见的在锁体各个面向、锁梁、钥匙上皆刻有吉祥意涵的文字、人物、双龙、花草等图样，并在侧件落有"祥源造"款，包含锁体、锁栓、长簧片、短簧片、钥匙1、钥匙2等六机件。开启时，钥匙1插入锁孔a、压缩长簧片、移出部分锁栓；接着，将钥匙2之齿销向上插入锁孔b、压缩短簧片、移出全部锁栓，完成开锁。

图4.28（b）所示为另一把来自西藏地区的两次插入锁，锁体端面呈现L形状，且在锁体正面向外伸长处设置锁孔a，另有锁孔b位于锁体底面，但是被障碍物（端板）阻挡，无法直接插入钥匙，包含锁体、锁栓、端板、簧片1、簧片2、钥匙1、钥匙2等七机件。其中，簧片1装设在端板上，簧片2则位于锁栓。开启时，先以钥匙1插入锁a、压缩簧片1、移出端板；由于端板的移出，原先被阻挡的锁孔b得以开通，才能将钥匙2插入锁孔b、压缩簧片2、移出锁栓，完成开锁。锁体呈现L形状，加长了锁孔a与锁栓的距离，提升使用错误钥匙开启的难度，也因此增加了防护的安全性。

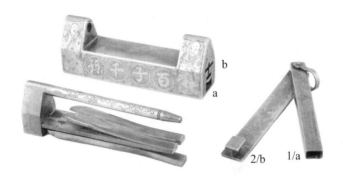

（a）（美国艺智堂藏品）

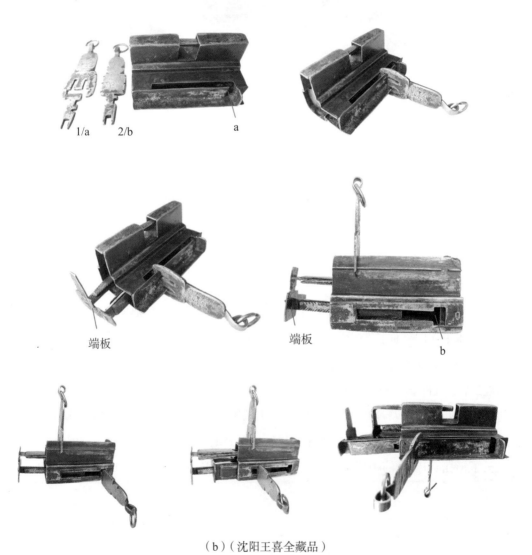

（b）（沈阳王喜全藏品）

图 4.28　两次插入锁之两钥匙两锁孔

图4.29所示为出自西藏地区的三次插入锁，锁体上装饰着藏族特色的锉银丝图腾，两锁孔分别位于锁体正面与底面，包含锁体、锁栓、端板1、端板2、簧片1、簧片2、簧片3、钥匙1、钥匙2、钥匙3等十机件；其中，三组簧片依序分别装设在端板1、端板2、锁栓上。开锁时，先以钥匙1插入锁孔a、压缩簧片1、移出端板1，也因此打开原本被端板1阻挡的锁孔b；接着，才能依序插入钥匙2与钥匙3，分别压缩簧片2与簧片3，完成开锁程序。

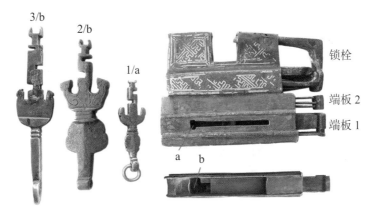

图 4.29　三次插入锁之三钥匙两锁孔（沈阳王喜全藏品）

借由适当地安排簧片长度与装设方式，透过对应的锁孔形状与锁孔位置，再配合钥匙的几何尺寸设计，可以提升钥匙插入次数及开锁难度，如图4.30所示为具有六钥匙三锁孔的六次插入锁。锁孔a与锁孔b位于锁体端面，另一锁孔c位于顶板边缘。此锁借由加大锁梗的尺寸，在锁梗两侧放置了长度不一的六组簧片，包含锁体、锁栓、簧片1、簧片2、簧片3、簧片4、簧片5、簧片6、钥匙1、钥匙2、钥匙3、钥匙4、钥匙5、钥匙6等十四机件。开锁时，钥匙插入的顺序及相对应的锁孔如图4.30所示：钥匙标示1/a代表是最先使用的第一把钥匙，并且插入锁孔a、压缩簧片1；标示4/b代表第4把钥匙，插入锁孔b，并且压缩簧片4；最后的6/c则是第6把钥匙，插入位于顶板的锁孔c，压缩簧片6后，才能全部移出锁栓，完成开锁。此锁的开启过程中，钥匙插入锁孔具有相当复杂的组合变化，大幅提升了开锁难度，对于没有开过此锁的人，即便使用正确的钥匙，还是需要花费很长的时间才能打开此锁。

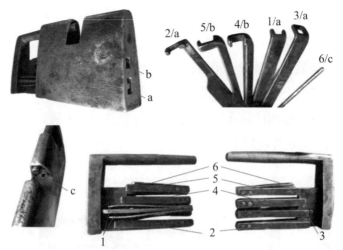

图 4.30　六次插入锁之六钥匙三锁孔（沈阳王喜全藏品）

图4.31（a）所示为设计相当巧妙、开锁难度颇高的四钥匙五锁孔的五次插入锁（其中一把钥匙遗失），此锁具有藏区独特风格的图腾及少见的鎏金工艺，在当时应是耗费多日、重金制作的一把好锁。唯一可见的锁孔a位于锁体端面上，其余锁孔借由端板与底板分别隐藏在另一端面、内端面、底面，包含锁体、锁栓、端板1、端板2、底板、簧片1、簧片2、簧片3、簧片4、簧片5、钥匙1、钥匙2、钥匙3（遗失）、钥匙4等十四机件。其中的簧片1位于端板1上，簧片2与簧片3分别装在端板2的下方与上方，簧片4设置在底板上，簧片5则与锁栓相接。开启时，钥匙1插入锁孔a、压缩簧片1后，才能移出端板1，并发现锁孔b，如图4.31（b_1）；钥匙2插入锁孔b、压缩簧片2，以倒拉方式移出部分端板2，并用钥匙3（遗失，目前图上为示意钥匙）插入位于内端面的锁孔c、压缩簧片3，才能将端板2全部移出，发现锁孔d，如图4.31（b_2）；再用钥匙1插入位于端面的锁孔d、压缩簧片4，才能以倒拉方式移出底板，发现位于底面的锁孔e，如图4.31（b_3）；最后使用钥匙4插入锁孔e、压缩簧片5、移出锁栓，完成所有开锁步骤，如图4.31（b_4）。这把机关锁非常高明地运用钥匙、锁孔、簧片的排列与组合设计，借由依序压缩簧片、移除各式挡板，才能逐步发现暗藏的锁孔。这样的设计方式不仅环环相扣且产生非常复杂的开锁过程，富含创意巧思且有益智交流的效果。

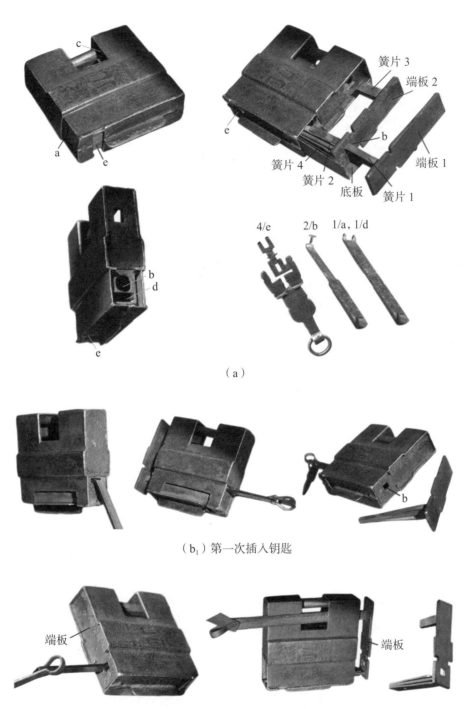

簧片 3
端板 2
簧片 4
簧片 2
底板
簧片 1
端板 1

4/e 2/b 1/a, 1/d

（a）

（b₁）第一次插入钥匙

端板
端板

（b₂）第二、第三次插入钥匙

（b₃）第四次插入钥匙

（b₄）第五次插入钥匙

图 4.31　五次插入锁之四钥匙五锁孔（沈阳王喜全藏品）

三、双梁锁

　　锁梁是锁具中的重要机件，用于直接扣住门、窗、盒、箱等的开合处，亦是判定是否完成开锁的最后步骤，因此，古代匠人也在锁梁形式上做出不同的设计。图4.32所示为来自山西且设计巧妙的双梁锁，该锁具有两根大小不一、可以相互套住的锁梁，并且各自设有锁梗与簧片，形成两个锁栓，包含锁体、锁栓1、锁栓2、簧片1、簧片2、钥匙等六机件。锁孔位于锁体正面，开启时，第一步先将钥匙齿销朝左，沿负z轴方向滑动插入锁孔；第二步以负z轴方向为轴旋转钥匙，压缩位于锁栓1上的簧片1，并借由钥匙旋转的推力顺势移出锁栓1。继续将钥匙以负z轴方向为轴旋转，压缩位于锁栓2的簧片2，同样借由钥匙旋转的推力顺势移出锁栓2，完成开锁。

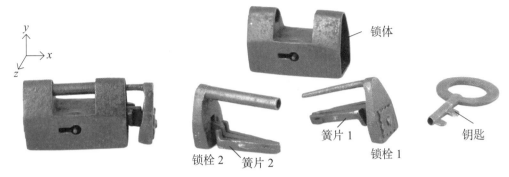

图 4.32　双梁锁之单钥匙（美国艺智堂藏品）

除了将大小锁梁相互套住的方式之外，也有设计双锁梁以平行的方式插入锁体中，如图4.33所示的双钥匙双梁锁。此锁共有两个锁孔，分别位于锁体端面与正面，两把钥匙不分先后顺序，只要各自插入对应锁孔，压缩对应的簧片1与簧片2，分别移出锁栓1与锁栓2后，即可完成开锁程序。

图 4.33　双梁锁之双钥匙（山东沈玉奎藏品）

图4.34（a）则是一把来自西藏地区的平行双梁锁，粗犷豪迈的外形却有着相当细腻且复杂的开锁设计，三个锁孔分别位于锁体的底面及前后的两正面上，每一个锁孔外皆加设固定的障碍物，使得钥匙的形状也要相互对应，且每把钥匙都需先以滑动方式插入锁孔，再以旋转方式才能真正进入滑轨中，这样的设计产生防止其他钥匙入侵的保护效果。再者，锁孔b与锁孔c皆被与端板固定的锁梗阻挡起来，若没移除端板，钥匙就无法插入，包含锁体、锁栓1、锁栓2、端板、簧片1、簧片2、簧片3、钥匙1、钥匙2、钥匙3等十机件。其中的簧片1位于端板上，簧片2与簧片3分别装在锁栓1与锁栓2上。开启时，钥匙1以滑动加旋转的方式插入锁孔a，再以滑动方式压缩簧片1，才能移出端板，并发现锁孔b与锁孔c，如图4.34（b₁）。接着，将钥匙2与钥匙3依序插入锁孔b与锁孔c，压缩簧片2与簧片3，分别移出锁栓1与锁栓2，才能完成所有开锁步骤，如图4.34（b₂）和（b₃）。

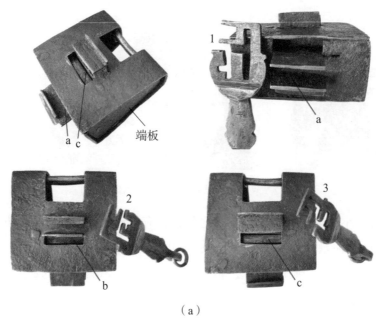

（a）

（b₁）钥匙 1 开锁过程

（b₂）钥匙 2 开锁过程

（b₃）钥匙 3 开锁过程

图 4.34　双梁锁之三钥匙（沈阳王喜全藏品）

第四节　小结

综观世界其他地区的古老锁具，大多数都是只需将钥匙插入锁孔，通过旋转或是滑动钥匙，即可达到开锁的目的。然而，对于中国古代开放式锁孔机关锁而言，常常是手里拿着正确钥匙，却需要用点心思甚至是绞尽脑汁才能将钥匙插入锁孔，有些锁具还要使用不同钥匙或是经过数个特定步骤、依序渐进，才能完成开锁，是相当有趣且具代表性的古老锁具。本章以设计方式与开启步骤的不同，将开放式锁孔机关锁分成外加障碍锁、钥匙非直接插入锁、多段开启锁等三大类型。外加障碍锁又可根据障碍物是否可动及所在的位置，细分成外加固定障碍、锁孔障碍、锁栓障碍、锁体障碍锁等四类，本章简述4把不同形式的外加障碍锁。

钥匙非直接插入锁通常包含锁体、锁栓、簧片、钥匙等最基本的锁具机件，透过锁孔的位置与尺寸设计，配合钥匙的几何形状，开发制造出有别于钥匙从端面锁孔插入开锁的多样类型。根据开启方式的特征，钥匙非直接插入锁分为旋转开锁、倒拉锁、侧边开锁、钥匙折叠锁、迷宫锁等五类，本章介绍了4把旋转开锁、2把不同开启方式的倒拉锁、4把锁孔位置各有不同的侧边开锁、1把钥匙折叠锁、12把钥匙需要以特定的位置且以特定的运动方式才能插入锁孔的迷宫锁。

借由簧片的不同长度及巧妙的排列设计，运用锁孔、钥匙、锁梁（锁栓）在数量和位置的组合变化，发展出开锁方式各异且类型多样的多段开启锁。根据外形特征与开启方式的不同，可分为插入旋转锁、多次插入锁、双梁锁等三类。本章探讨了3把插入旋转锁、4把不同钥匙与锁孔数量的两次插入锁、3把开启难度颇高的多次插入锁、3把非常具有特色且少见的双梁锁。

经由梳理传世的古代中国锁具过程，可以发现开放式锁孔机关锁的类型及开锁的步骤是如此的变化多样，探究其原因，应该是匠人前辈们全心投入在锁孔、钥匙、簧片、锁梁、锁栓等各种机件的设计研究与构思，透过机件之间的尺寸设计或数目变化，抑或是将机件重新组合、延伸、转化等技术，经过长时间的经验与技术累积，引发出各种新奇式样的设计构想，也因此开创出在世界锁具发展史中，非常独特且富含益智效果的锁具类型。

第五章

隐藏式锁孔锁

隐藏式锁孔锁借由不同的机关设计，如滑板、转盘、簧片的运用，巧妙地将锁孔隐藏起来，开锁过程必须先找出锁孔的位置，才能将钥匙插入。对于这种特殊的设计而言，如何找到锁孔的位置，是一种挑战；找到锁孔的位置之后，如何将钥匙插入锁孔，是一门学问；再者，就算得以进入锁孔，也要懂得如何滑动或旋转，才能将锁具打开。此外，锁体上加入装饰钮或装饰物，除了可以增加设计美感和提升工艺技术的价值之外，更可以成为开锁的第一条线索，常见于中国古代的锁具设计中，产生出许多不同的类型。根据开锁第一步骤之机件的运动方式，隐藏式锁孔锁主要可分为滑板（饰、钮）锁、压簧锁、插孔锁、转饰锁、扳底板锁等五种类型。

第一节　滑板（钮、饰）锁

以滑动挡板或装饰钮（物）作为开锁的第一步骤，是隐藏式锁孔锁常见的一种设计，最简单的方式是直接以挡板藏住锁孔，只要滑动挡板，就能找到锁孔开锁。再者，借由加入或组合其他的机关模式，产生各种变化的开锁方式，大幅提升了开锁难度，也因此衍生出多样的锁具形式。根据锁体上挡板或装饰钮（物）的位置，可分为滑动底板（装饰物）、内端板、端板、前钮等四类。

一、滑动底板锁

图5.1所示为一款常见的滑动底板锁，包含锁体、锁栓、长簧片、短簧片、底板、钥匙等六机件，开锁方式与图2.9所示锁相同。

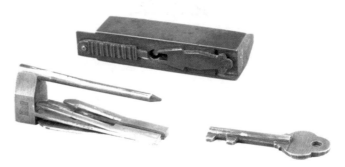

图 5.1　滑动底板锁之底部锁孔（美国艺智堂藏品）

图5.2所示为一款锁孔在端面的滑动底板锁，锁体上刻有暗八仙的笛子，左右两端板，一端板可动、一端板固定，每个端板各有两个装饰钮；底部除了有固定的两个装饰钮与一把装饰宝剑之外，还有两片装饰底板，其中一片可动装饰底板的凸块与可动端板的缺口，利用榫卯方式相互固定；包含锁体、锁栓、簧片、底板、端板、钥匙等六机件。开启时，第一步将底部的可动底板沿正x轴方向滑动至最外侧，解除底板与端板的榫卯固定；第二步将端板以负x轴方向为轴旋转后，才能发现锁孔；第三步将钥匙齿销弯钩处对准锁孔，以负z轴方向为轴旋转90°；第四步再将钥匙以负y轴方向为轴旋转90°后插入锁孔；接着，沿正x轴方向滑动钥匙、压缩簧片、移出锁栓，完成开锁。

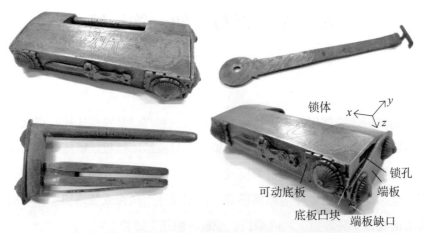

图 5.2　滑动底板锁之端面锁孔（ACMCF 藏品）

二、滑动内端板锁

图5.3（a）所示为一种滑动内端板锁，该锁之锁体上没有任何额外附加的挡板、按钮、孔洞、装饰或其他的开锁线索，包含锁体、锁栓、簧片、内端板、端板、钥匙等六机件[14]。开启时，第一步以手指或钥匙尖头按压滑动内端板，使得内端板与端板沿负x轴方向滑至最外部；第二步将端板以负x轴方向为轴旋转90°，找出锁孔；第三步钥匙头朝向锁孔，以负y轴方向为轴顺时针旋转90°插入锁孔；接着，沿正x轴方向滑动钥匙、压缩簧片、移出锁栓，完成开锁，图5.3（b）为其开锁过程。

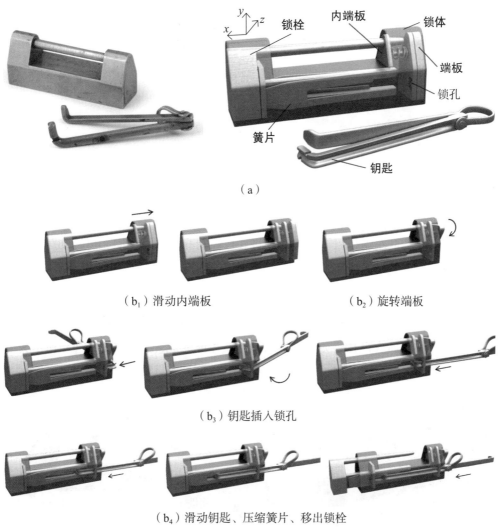

（a）

（b₁）滑动内端板　　　　　　　　（b₂）旋转端板

（b₃）钥匙插入锁孔

（b₄）滑动钥匙、压缩簧片、移出锁栓
（b）开锁过程
图 5.3　滑动内端板锁（美国艺智堂藏品）

三、滑动端板锁

锁孔一般设计在锁体端面位置，方便钥匙插入后，顺势推出锁栓完成开锁，因此，将挡板直接装设在端面藏住锁孔，是最简单且方便的方法，如图5.4所示，包含锁体、锁栓、簧片、端板、钥匙等五机件。开启时，只要将端板沿正y轴方向滑动至最顶部，找出锁孔；再将钥匙插入锁孔、滑动钥匙、压缩簧片、移出锁栓，即可完成开锁。

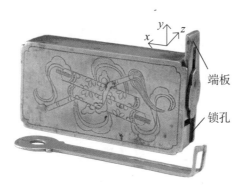

图 5.4　滑动端板锁—简单型（NSTM 藏品）

除了用端板直接隐藏锁孔的方式之外，古代匠人也在这样的基础上，增设不同的机关，提高开锁难度，如图5.5（a）所示为来自湖南的一款滑动端板锁，其中的右端板可以移动、左端板可以转动，且将底板限制在两端板之间，可转动的端板下方有一凹口，与底板的凸块形成榫卯方式结合，包含锁体、锁栓、端板1、端板2、底板、长簧片、短簧片、钥匙1、钥匙2等九机件。开锁时，先将端板1向上滑动，使得底板可以沿正x轴方向移动至外侧，才能转动端板2并发现锁孔；接着，分别使用两把钥匙依序插入锁孔，分两次移出锁栓，才能完成开锁，图5.5（b）所示为开锁过程。

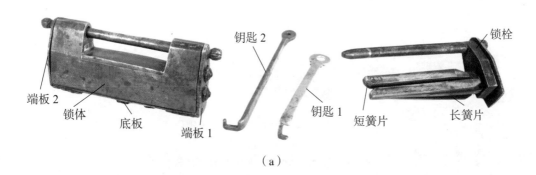

（a）

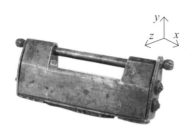

（b₁）滑动端板 1

（b₂）滑动底板

（b₃）旋转端板 2 露出锁孔

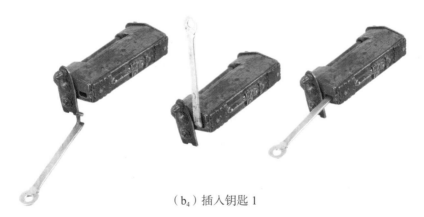

（b₄）插入钥匙 1

（b₅）移出部分锁栓

（b₆）插入钥匙 2

（b₇）移出全部锁栓

（b）开锁过程

图 5.5　滑动端板锁—双钥匙（美国艺智堂藏品）

　　图5.6（a）所示则为另一款来自湖南，同样是一端板可移动、一端板可转动，且在锁体上刻着"寿比南山"的字样，总共有六个装饰钮与一把装饰宝剑的滑动端板锁，包含锁体、锁栓、簧片、端板1、端板2、底板、钥匙等七机件。此锁的特色是簧片直接安装在锁体内部，借由簧片末端上翘顶住锁梗，达到闭锁功能，且需以钥匙倒拉才能开启，另一特殊之处则是锁梗装设一根细长的小圆棒并延伸至锁孔，除了可作为引导钥匙进出之外，亦可防止不正确的钥匙插入。前三步骤如图5.5（b₁）-（b₃）所示相同方式找到锁孔；第四步骤将钥匙朝锁孔插入，穿过细长圆棒至底部；第五步将钥匙旋转180°，此时钥匙齿销刚好下压上翘的簧片且释放锁梗；接着将钥匙向后移动、移出锁栓，完成开锁，图5.6（b）所示为开锁过程。

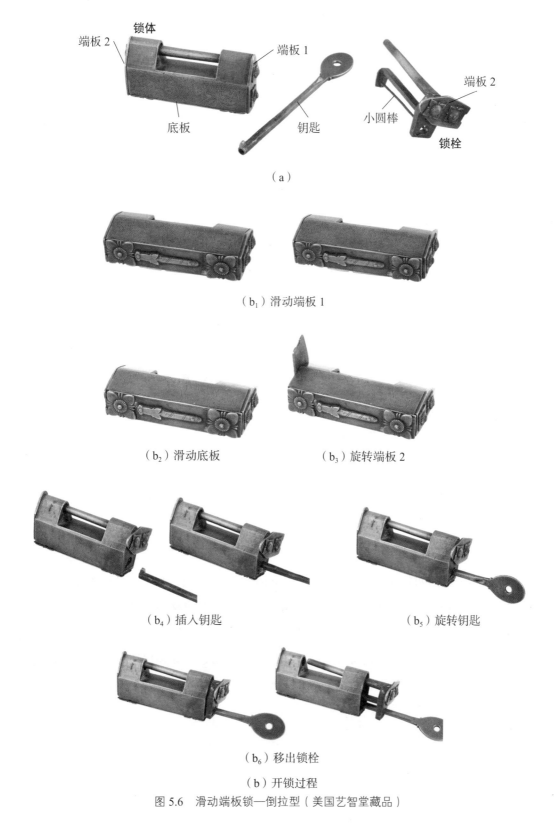

（a）

（b₁）滑动端板 1

（b₂）滑动底板　　　　　　（b₃）旋转端板 2

（b₄）插入钥匙　　　　　　　　　　（b₅）旋转钥匙

（b₆）移出锁栓

（b）开锁过程

图 5.6　滑动端板锁—倒拉型（美国艺智堂藏品）

四、滑动前钮锁

图5.7所示为一种滑动前钮锁，锁体上设计两个蝙蝠造型的装饰钮，一个可动一个固定，锁栓侧件上设有一个通道供可动钮通行，两簧片左右对称，其长度较短，未直接接触锁体内墙。闭锁时，可动钮位于通道最下方，用于固定住锁栓，锁梁最末端刚好挡住右边端板，使得端板无法转动，也因此隐藏了锁孔，包含锁体、锁栓、簧片、可动钮、端板、钥匙等六机件。开启时，第一步将可动钮沿正y轴方向滑动至最上方；第二步沿正x轴方向移出部分锁栓；第三步将端板以负z轴方向为轴旋转约50°，才能发现锁孔；第四步将钥匙齿销弯钩对准锁孔，以负y轴方向旋转90°后插入锁孔；接着，沿正x轴方向滑动钥匙、压缩簧片、移出锁栓，完成开锁。

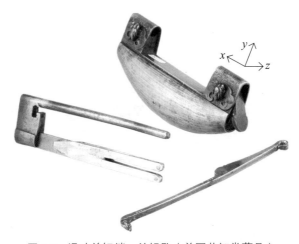

图 5.7　滑动前钮锁—单钥匙（美国艺智堂藏品）

图5.8所示的谢尔收藏（Schell Collection）滑动前钮锁，则是以灵动的龟形作为装饰钮，同样以可动装饰钮卡住锁栓通道，使得锁栓无法移动，也因此固定住端板与底板，并将锁孔隐藏起来，包含锁体、锁栓、可动装饰钮、端板、底板、簧片、钥匙等七机件。开启时，先将可动装饰钮以向上滑动，解除锁栓通道上的阻碍，才能移出部分锁栓、转动端板、移动底板，发现完整的锁孔；接着插入钥匙，压缩簧片、移出锁栓，完成开锁。

图 5.8　滑动前钮锁（谢尔收藏）
（文字：Martina Pall，图片：Hannah Konrad，技术图纸：Maria Windholz-Konrad）

　　图5.9（a）所示为具有长、中、短三簧片的滑动前钮锁，借由长簧片接触锁体内墙，使锁栓无法移动，再用端板与底板分别将锁孔与小孔隐藏起来，并且因锁梁末端阻止端板转动，也挡住了底板的移动空间，产生闭锁的效果，包含锁体、锁栓、可动钮、长簧片、中簧片、短簧片、端板、底板、钥匙等九机件[15]。开启时，先将可动钮沿负y轴方向滑动并下压长簧片；第二步将锁栓沿正x轴方向移出，直到中簧片抵触锁体内墙；由于锁栓的部分移出，第三步可将底板沿正x轴方向移动，发现小孔；第四步将钥匙尖点对准小孔，沿正y轴方向插入并压缩中簧片；第五步沿正x轴方向再移出部分锁栓；此时的锁梁末端才确实移出端板，才能将端板以x轴方向为轴转动约90°，发现锁孔；接着，将钥匙沿正x轴方向插入锁孔，继续向前滑动钥匙、压缩短簧片，才能移出全部锁栓，完成开锁，图5.9（b）为其对应之开锁过程。

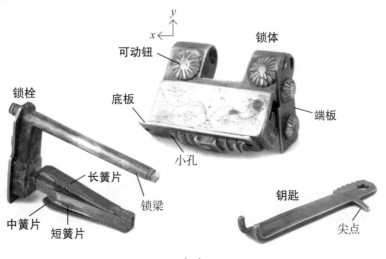

（a）

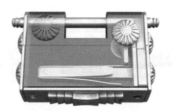

（b₁）滑动可动钮下压长簧片

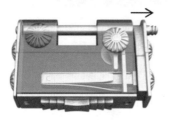

（b₂）移出部分锁栓

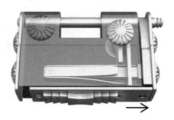

（b₃）移动底板

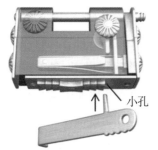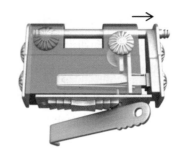

（b₄）钥匙尖点插入小孔并压缩中簧片

（b₅）再移出部分锁栓

（b₆）转动端板

（b₇）钥匙插入锁孔、压缩短簧片

（b₈）移出全部锁栓
（b）开锁过程
图 5.9　滑动前钮锁—三簧片（美国艺智堂藏品）

第二节　压簧锁

簧片锁是中国古代最具代表性的挂锁类型，利用锁体内部簧片的调整，如长度、数量、位置等各种变化，设计出不同的锁具形式。再者，也有透过锁体外部的装饰钮或装饰物，结合内部的簧片，产生兼具美感也是开锁提示的压簧锁。其中，大部分的压簧锁是端面钮结合长簧片的设计，也有少数的压簧锁将底板制成可动的挠性件，因此产生类似簧片的效果，可以借由压底板作为开锁的第一步线索。

一、下压端面钮簧锁

下压端面钮簧锁是一种常见的古锁类型，在中国许多地区都可以发现这款锁的踪迹，只是在外观上有些许的差异性，但开锁方式极为雷同，如图5.10（a）所示为一把来自湖北岳口的压簧锁，锁体两端面各有一个装饰钮，一个可动一个固定，底板中间有一把装饰宝剑，其两侧各有一个由四片叶子组成的装饰物；侧件上落有"汪同兴造"款，共有四个簧片，其中位于锁梗上方之长簧片与可动钮相连接，另外三个相同长度的短簧片则分布在锁梗左右两侧与下方，闭锁时，长簧片接触锁体内墙，也因此固定住锁栓；包含锁体、锁栓、具可动钮长簧片、短簧片、端板、底板、钥匙等七机件[14]。开启时，第一步将可动钮沿负y轴方向滑动至最下方，使长簧片离开锁体内墙；第二步将锁栓沿正x轴方向移出部分锁栓，直到短簧片接触内墙，停止锁栓移动；由于移出部分锁栓，使得原先被锁梁穿过而固定之端板得以转动，第三步将端板以负x方向为轴旋转90°，出现部分锁孔；第四步将底板沿正x轴方向滑动至最外侧，才能显示完整的锁孔；第五步将钥匙水平对准锁孔，沿正y轴方向滑动插入锁孔；接着，沿正x轴方向移动钥匙、压缩短簧片、移出全部锁栓，完成开锁，图5.10（b）为其开锁过程。

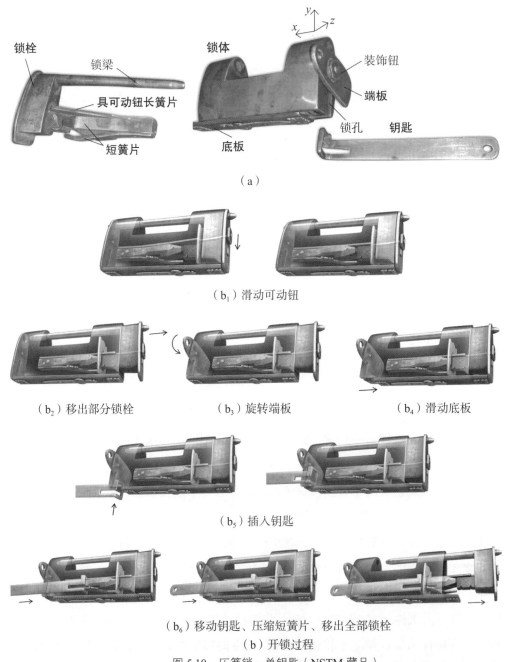

（a）

（b_1）滑动可动钮

（b_2）移出部分锁栓　　　　（b_3）旋转端板　　　　（b_4）滑动底板

（b_5）插入钥匙

（b_6）移动钥匙、压缩短簧片、移出全部锁栓
（b）开锁过程
图 5.10　压簧锁—单钥匙（NSTM 藏品）

图5.11所示为来自湖南桃源的压簧锁，锁体刻有鱼和羊的图案及"公元一九五一年办"的字样，开启方式与图5.10锁相似，不同之处是装设长短两簧片，需要两把钥匙依序插入，分两次移出锁栓，才能完成开锁程序。

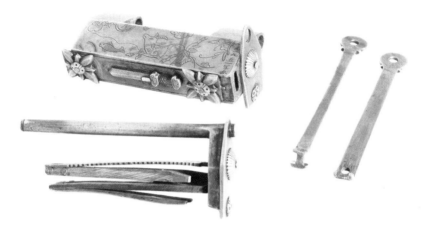

图 5.11　压簧锁—双钥匙（美国艺智堂藏品）

迷宫锁的巧思除了应用在开放式锁孔锁中，也可以在隐藏式锁孔锁发现这样的设计，如图5.12所示同样来自湖南桃源的压簧锁，找出锁孔的方式与图5.10锁相同，还需要以类似图4.18的迷宫锁开启方式才能将钥匙插入锁孔。

图 5.12　压簧锁－迷宫锁（美国艺智堂藏品）

二、上推端面钮簧锁

图5.10–5.12所示的三把锁皆是透过向下压端面钮，使内部簧片与内墙分离，图5.13所示则是具四个簧片（四段锁）的向上推压端面钮锁，该锁加入不同的机关形式，增加许多开启难度。开启时，第一步是向上推压端面钮，使得连接的簧片1与内墙分离，移出部分锁栓。接着，使用钥匙1插入位于顶板的锁孔a，压缩簧片2与内墙分离，再移出部分锁栓。之后才能转端板、移底板，找出另外两个锁孔，最后依序使用钥匙2与钥匙3，分别插入锁孔b与锁孔c，压缩簧片3与簧片4，完成开锁程序。

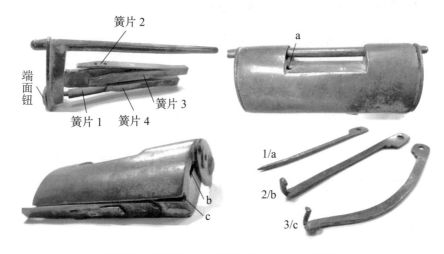

图 5.13　压簧锁－上推端面钮（ACMCF 藏品）

三、压底板簧锁

图5.14所示为一款以按压挠性底板作为开锁第一步骤的压簧锁，锁体端面各有两个固定的装饰钮，锁梗下方有一长簧片，另外三个短簧片分散在左右两侧与上方，由于长簧片抵住锁体内墙，因此产生闭锁效果，包含锁体、锁栓、长簧片、短簧片、端板、挠性底板、钥匙等七机件。底板中间有一把装饰宝剑，两侧各有一个装饰物，且有一侧微翘，容易让人误以为是锁本身的小故障，另在翘起处的内部还有一颗固定凸点，用于压缩长簧片。开启时，第一步是沿正y轴方向按压底板微翘处，由于底板为挠性件可以产生移动的效果，使得内部凸点向上压缩长簧片脱离内墙；之后的拉锁栓、转端板、移底板等找出锁孔的方式与图5.10所示锁相同；接着再以特定的方式将钥匙插入锁孔，最后才能移动钥匙、压缩短簧片、移出全部锁栓，完成开锁。

图 5.14　压簧锁—压底板（美国艺智堂藏品）

第三节　插孔锁

有些隐藏式锁孔机关锁巧妙地利用锁体上的小孔，作为开锁的第一条线索，充分展现古代锁匠的巧思创意。开启时，必须先用钥匙的尖点或一根针状物，插入小孔压缩位于小孔内部的簧片或挡片后，才能进行后续的开锁步骤，这种插孔锁的小孔线索可以设计在锁体的各种位置，以下介绍位于锁体顶板、正面、底部、端面的四款形式。

一、插顶板孔锁

图5.15所示为来自湖南的插孔锁，锁体顶板有两个小孔，其中一小孔纯粹只是干扰性质并无实际用途，在锁体上多开小孔迷惑开锁者的方式，常见于湖南地区的锁具设计中，第九章中还有例子可以说明。锁体上刻有花草与吉祥文字，端面一侧有一可转动的端板隐藏住锁孔；侧件落有"蒋畴言"款，共有三个簧片，其中位于锁梗上方之长簧片接触锁体内墙，也因此固定住锁栓，另外两个相同长度的短簧片则分布在锁梗左右两侧；包含锁体、锁栓、长簧片、短簧片、端板、钥匙1、钥匙2等七机件。开启时，第一步将钥匙1对准锁体顶板左侧锁孔a，沿负y轴方向插入，使长簧片离开锁体内墙；第二步将锁栓沿正x轴方向移出部分锁栓；第三步将端板以负x方向为轴旋转约90°，发现锁孔；接着，将钥匙2插入锁孔b、移动钥匙2、压缩短簧片、移出全部锁栓，完成开锁。

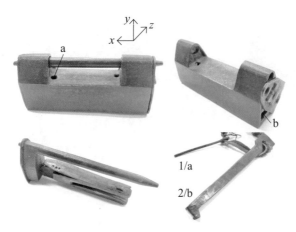

图 5.15　插顶板孔锁（ACMCF 藏品）

二、插正面孔锁

图5.16（a）所示为一把具有四组簧片的插孔锁，锁体正面左右两侧各有一个装饰物，锁孔a巧妙地隐身设计在其中，让人容易忽视这个开启线索，最长的簧片1装设在锁孔a后方且抵住锁体内墙；此外，底板两端皆有榫头并与两侧端面的卯眼相互固定，使得锁栓、底板、端板皆无法移动，因此隐藏了位于端板与底板处的锁孔b和锁孔c；包含锁体、锁栓、底板、端板、簧片1、簧片2、簧片3、簧片4、钥匙1、钥匙2、钥匙3等十一机件。开启时，第一步将钥匙1对准锁孔a插入，使簧片1离开锁体内墙；第二步沿正x轴方向移出部分锁栓，解除了底板与端面的固定状态，移动部分底板及转动端板，发现锁孔b；接着，使用钥匙2与钥匙3依序插入锁孔b，再分别移出部分锁栓，才能再移动底板，发现锁孔c；最后再用钥匙1插入锁孔c，沿正x轴方向移出全部锁栓，完成开锁，如图5.16（b）所示。

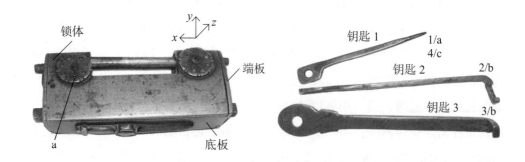

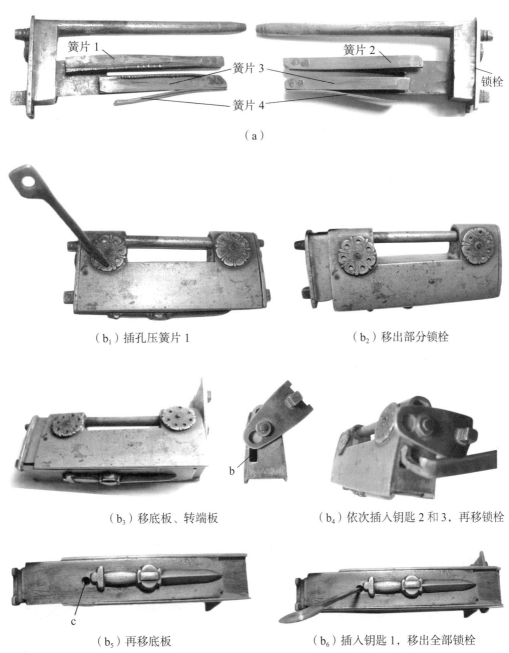

簧片 1

簧片 3

簧片 2

簧片 4

锁栓

（a）

（b₁）插孔压簧片 1

（b₂）移出部分锁栓

（b₃）移底板、转端板

b

（b₄）依次插入钥匙 2 和 3，再移锁栓

c

（b₅）再移底板

（b₆）插入钥匙 1，移出全部锁栓

（b）开锁过程

图 5.16　插正面孔锁（山东赵源藏品）

三、插底部孔锁

图5.17（a）所示为一把来自山西的铁锁，是结合了隐藏锁孔与多段式开锁的综合机关锁。该锁只有在锁体底部有两个小锁孔a作为开锁的线索，其特殊之处是底板与端板皆可抽离锁体，且共有三把钥匙与三组簧片。第一组簧片与底板相连接，第二组簧片与端板相连接，第三组簧片则是与锁栓相连接，锁孔b位于底部，底板的簧片与锁体内墙接触，防止底板移动，也因此隐藏锁孔b。此锁包含锁体、锁栓、底板、端板、底板簧片、端板簧片、锁栓簧片、钥匙1、钥匙2、钥匙3等十机件[15]。开启时，第一步将钥匙1尖点对准底部锁孔a插入，压缩底板簧片后，才能将底板抽离锁体，并且发现锁孔b；之后分别使用钥匙2与钥匙3插入锁孔b，依序移出端板与锁栓，完成开锁，如图5.17（b）所示。

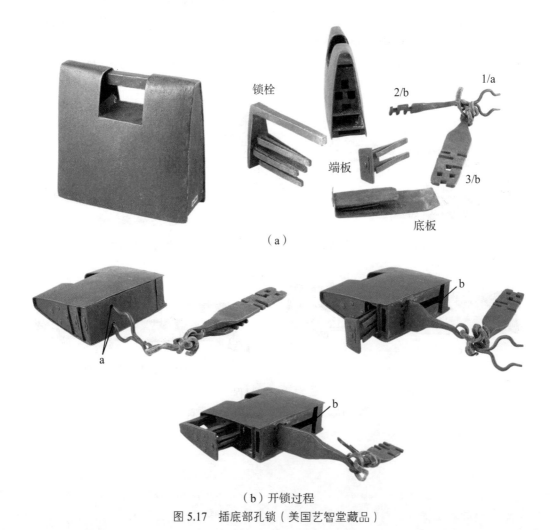

（a）

（b）开锁过程

图5.17 插底部孔锁（美国艺智堂藏品）

四、插端面孔锁

图5.18所示为一把颇为罕见的插端面孔锁，此锁的特色除了使用折叠钥匙作为开启装置之外，其挡板也不是常见使用簧片卡在锁体的设计，而是将挡板一端做成凸点，直接以榫接工法中最基本的平榫方式插入端板的锁孔a，并以此方式固定端板，也将锁孔b隐藏起来。此锁包含锁体、锁栓、挡板、端板、簧片、钥匙1、钥匙2等七机件。开启时，第一步将钥匙1尖点对准端面锁孔a插入，推出挡板后，才能转动端板，并发现锁孔b；接着，将钥匙2插入锁孔b，借由开锁者的轻甩或齿销的重力作用，使齿销与握把形成垂直的角度后，再以此状态压缩簧片、移出锁栓，完成开锁。

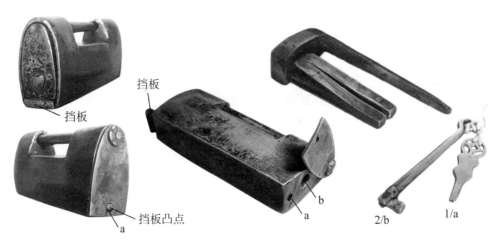

挡板

挡板

挡板凸点

a

b

a

2/b

1/a

图 5.18　插端面孔锁（江西钟雷平藏品）

第四节　转饰锁

锁体上的装饰物增加古锁整体的美感设计，并常以滑动的方式，作为开锁的第一条线索。然而，也有少数古锁的装饰物以旋转方式融入在开锁过程中，呈现不同的设计思维。借由流传实物的梳理，旋转装饰物可以设计在锁体的端面、正面、底面，以下分别介绍四种不同类型的转饰锁。

一、转端面饰锁

图5.19所示为钥匙以倒拉方式开启的转饰锁，由于锁体外形类似虾子弯翘着尾巴，因此又称为虾尾锁，是中国古代常见的锁具形式。在端面处，设计两个装饰物，一个可动一个固定，可动的装饰物隐藏住锁孔，两个簧片分别位于锁梗左右两侧。该锁包含锁体、锁栓、装饰物、簧片、钥匙等五机件[15]。开启时，第一步将装饰物以x轴方向为轴旋转，直到发现锁孔位置；第二步钥匙头对准锁孔，沿负x轴方向插入部分钥匙齿销；第三步钥匙以负y轴方向为轴旋转插入全部钥匙齿销；第四步沿负x轴方向移动钥匙，直到钥匙齿销进入锁梗通道中；接着，沿正x轴方向倒拉钥匙、压缩簧片、移出锁栓，完成开锁。

装饰物　　　锁孔

图 5.19　转端面饰锁（美国艺智堂藏品）

二、转正面饰锁

图5.20（a）所示为一把做工细致、外型典雅的转饰锁，锁体正面有一个类似元宝形状的装饰物，并且点缀葫芦与钱币的图样，展现对于未来生活享有福气与富裕的期待。该锁包含锁体、锁栓、装饰物、挡板、簧片、钥匙等六机件。开启时，将装饰物旋转90°，解除装饰物后方与锁体的连结，然后以负x轴方向为轴旋转挡板，发现锁孔位置；接着插入钥匙，沿正x轴方向移动钥匙、压缩簧片、移出锁栓，完成开锁，如图5.20（b）所示。

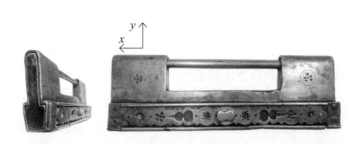

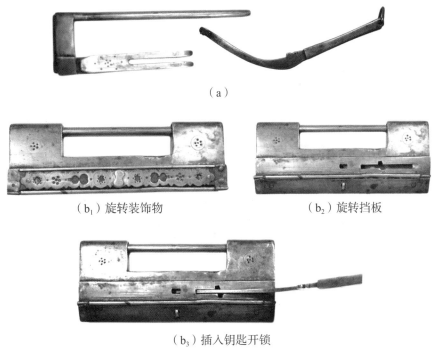

（a）

（b₁）旋转装饰物　　　　　　　　　　（b₂）旋转挡板

（b₃）插入钥匙开锁

（b）开锁过程

图 5.20　转正面饰锁（山西杨秀廷藏品）

三、转底面饰锁

图5.21所示为另一把锁体刻有精美龙形与花草图案之谢尔收藏的转饰锁，装饰钮内部有一长方形的凸块，并设计锁孔的宽度大小刚好介于凸块的长边与短边之间。借由凸块的短边进入锁孔并旋转90°，由于凸块的长边大于锁孔宽度，因此将底板固定在锁体上，并将位于锁体底部的锁孔隐藏起来。此外，锁体中另加入一挡板，阻隔锁孔至簧片的通道，具有防止任意钥匙的插入及提升安全性的效果。此锁包含锁体、锁栓、底板、装饰物、挡板、挡板簧片、簧片、钥匙等八机件。开启时，先将装饰物旋转90°，由于装饰物内部凸块的短边小于锁孔的宽度，因此可以转开底板，才能发现锁孔位置；接着以钥匙尖点插入小孔，压缩挡板簧片后，才能移出挡板，找出完整的锁孔；之后再以钥匙另一端插入锁孔，压缩簧片、移出锁栓，完成开锁。

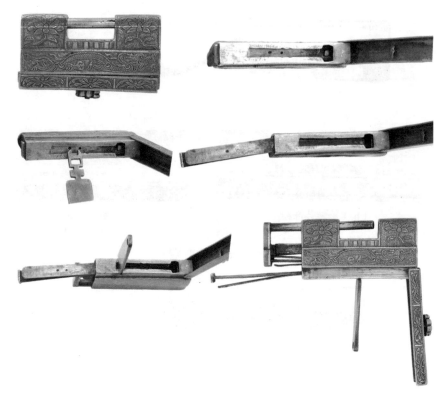

图 5.21　转底面饰锁—转饰后转底板（谢尔收藏）
（文字：Martina Pall，图片：Hannah Konrad，技术图纸：Maria Windholz-Konrad）

　　图5.22（a）所示为一把来自湖南的转饰锁，底部装有八片花瓣状组成的两个装饰物，其中一可转一固定；每个花瓣上各有一个小圆点，锁体正面刻有"李楚材"字样，锁孔位于端面且被端板盖住，端板又被锁梁末端扣住无法转动，也因此严密地隐藏住锁孔。共有一长四短的五个簧片，长簧片位于锁梗下方，四短簧片分布锁梗左右两侧，底部可转动的装饰物盖住锁孔a，位于锁孔a后方的长簧片抵住锁体内墙，使得锁栓无法被移出，形成闭锁状态，该锁包含锁体、锁栓、长簧片、短簧片、端板、可转装饰物、钥匙1、钥匙2等八机件。开启时，第一步是旋转装饰物，直到找出底部的锁孔a；第二步钥匙1插入锁孔a，并压缩长簧片；第三步移出部分锁栓，使得端板可以转动，找出锁孔b；接着使用钥匙2插入锁孔b、压缩短簧片及移出锁栓，完成开锁，图5.22（b）为其开锁过程。

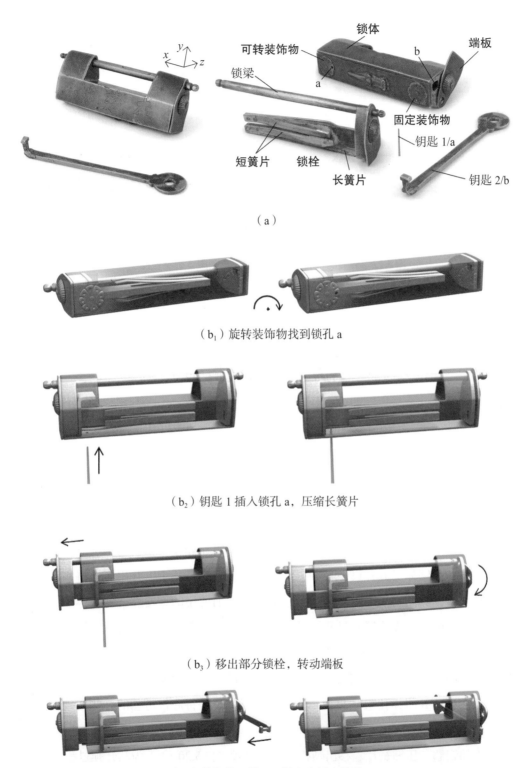

（a）

（b₁）旋转装饰物找到锁孔 a

（b₂）钥匙 1 插入锁孔 a，压缩长簧片

（b₃）移出部分锁栓，转动端板

（b₄）将钥匙 2 沿正 x 轴方向插入锁孔 b

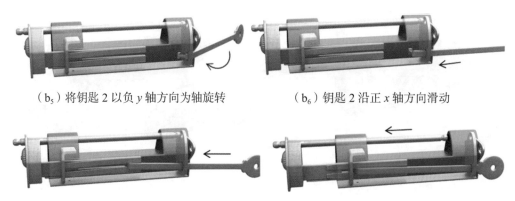

（b₅）将钥匙 2 以负 y 轴方向为轴旋转　　　（b₆）钥匙 2 沿正 x 轴方向滑动

（b₇）压缩短簧片及移出锁栓
（b）开锁过程
图 5.22　转底面饰锁—转饰后插孔（美国艺智堂藏品）

第五节　扳底板锁

　　"扳"有使用手、棍、锥等装置插入缝或孔中，撬开或挑起一端固定物的意思，而图5.23所示就是一款以手或用锥状物协助扳开底板的锁具类型。锁体上除了有精美且固定不动的装饰钮与宝剑之外，锁体正面刻有"桃源吴府造"款，让人容易理解此锁来自湖南桃源，另在锁体顶板落有"唐显佃造"款。这把锁有个巧妙的创意设计，在锁体下方开设一长方形空间，让钥匙隐身其中，并用底板将钥匙隐秘收藏起来，锁具的主人不需要随身携带钥匙，增加使用的方便性，外人不知钥匙藏在锁体中，所以也无法轻易打开锁具。锁梗上分布的四个簧片同时抵住锁体内墙，因此产生闭锁效果。此锁包含锁体、锁栓、簧片、挠性底板、钥匙等5个机件。底板一侧的内部还有一颗固定凸点，闭锁时刚好进入位于锁体下方的小孔，因此使得底板无法移动并将锁孔隐藏起来。开锁时，第一步是将底板可动的一侧向外扳开，使得凸点与小孔分离后，即可旋转底板，发现锁孔与钥匙；接着将钥匙插入锁孔后，移动钥匙、压缩簧片、移出锁栓，完成开锁，图5.20（b）为其开锁过程。

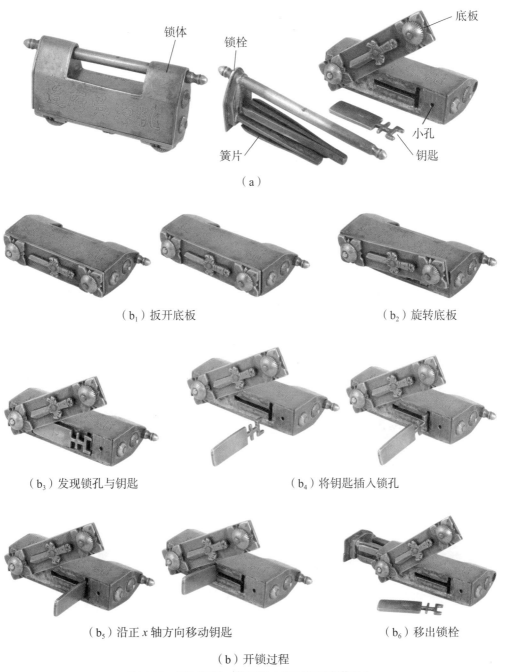

（a）

（b₁）扳开底板　　　　　　　　　　（b₂）旋转底板

（b₃）发现锁孔与钥匙　　　　　　　（b₄）将钥匙插入锁孔

（b₅）沿正 *x* 轴方向移动钥匙　　　　（b₆）移出锁栓

（b）开锁过程

图 5.23　扳底板锁—藏钥锁（美国艺智堂藏品）

　　图5.24（a）所示为另一款同样来自湖南的扳底板锁，锁体上依旧有着精美的雕花及固定不动的装饰钮，不同之处是有两个锁孔分别借由底板与端板隐藏起来，包含锁体、锁栓、底板、端板、长簧片、短簧片、钥匙1、钥匙2等八机件。开锁的前两步骤也是将底板扳开后再转动，底板转动后，端板才能转动，之后再用钥匙1与钥匙2分别插入锁孔a与锁孔b，依序将锁栓移出完成开锁，图5.24（b）为其开锁过程。

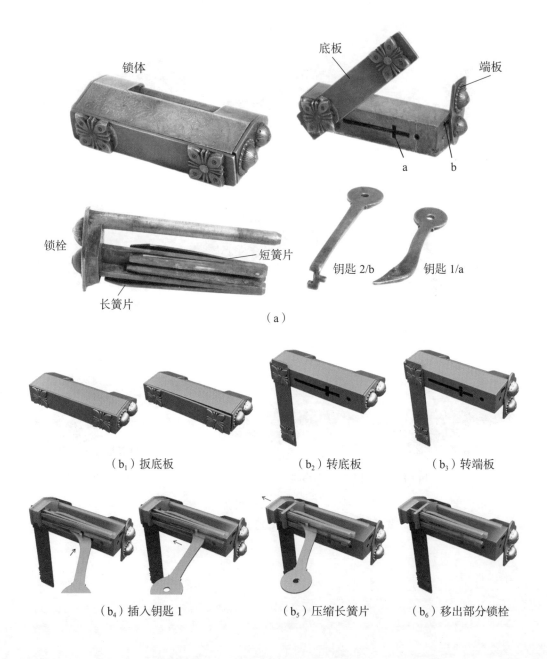

（a）

（b₁）扳底板　　　　　　（b₂）转底板　　　　　　（b₃）转端板

（b₄）插入钥匙1　　　　（b₅）压缩长簧片　　　　（b₆）移出部分锁栓

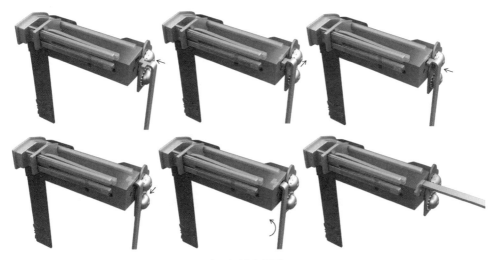

（b₇）插入钥匙 2

（b₈）压缩短簧片

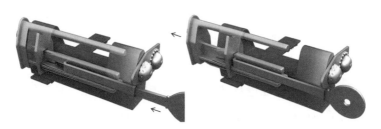

（b₉）移出全部锁栓

（b）开锁过程

图 5.24　扳底板锁—双钥匙锁（美国艺智堂藏品）

第六节　小结

　　古代匠人发挥创意巧思并且展现高超的工艺技术，透过各种方式将锁孔巧妙隐藏起来，衍生出许多意想不到的锁具类型。本章以开锁第一步骤之机件的运动方式进行分类，主要分为滑板（饰、钮）锁、压簧锁、插孔锁、转饰锁、扳底板锁。隐藏式锁孔锁的锁体上通常会设计精美的装饰物或装饰钮，用以提升艺术价值与外形美感，也可作为开锁的提示线索。再者，结合两种以上机关形式的锁具可称为综合机关锁，除了可以加大开锁的难度、是安全性极高的实用锁具之外，也因为开启过程需要耗费许多脑力与时间，亦是亲朋好友分享交流、体验把玩的益智游戏设备。

　　隐藏式锁孔锁最常见的形式是滑板（饰、钮）锁，其特征是机件以滑动方式作为开锁的第一步骤，根据位置又可分为滑底板、滑内端板、滑端板、滑前钮等四小类，本章介绍此类型锁具共9把；第二类的压簧锁是利用簧片的特性与外部机件进行巧妙的结合，作为开锁的提示线索，包含向下压、向上推压端面钮簧及压底板簧等三小类，本章探讨此类型锁具共5把；第三类的插孔锁以锁体上的小孔作为开锁特征，孔内会有簧片或挡板，且簧片与挡板总是具有阻碍某些机件移动的功能，因此用针状的钥匙插孔后，才能进行开锁的下一步骤，亦是相当具有创意的锁具设计方式，本章说明了插顶板孔、正面孔、底部孔、端面孔锁共4把形式；第四类的转饰锁是以转动装饰物作为开锁的第一步骤，装饰物除有增加美感效果外，还是开锁的重要提示，根据装饰物的所在位置，本章分析了4把不同开启方式的转饰锁；最后的扳底板锁是较少见的锁具类型，由于制作精度高、尺寸相当准确，使得底板紧密接合在锁体底部，产生良好的隐藏效果，本章介绍了2把这样类型的锁具。

第六章

堵塞式锁孔锁

中国古代机关锁除了可以直接看到锁孔与隐藏锁孔的两大锁具类型之外，还有一种可以看见锁孔，但是锁孔却被锁具内部的机件堵塞，使得钥匙无法正常插入，这样类型的锁具可以称为堵塞式锁孔锁。开锁时，需要先将堵住锁孔的机件移除后，才能插入钥匙。根据开锁的特征，可以分为插孔锁与挤梁锁两种形式。

第一节　插孔锁

图6.1（a）所示为一把来自山西的铁锁，此锁长约18厘米，大而重的特征应是用于库房或院门。锁体顶面有一小锁孔a，锁栓一端是五片压在一起且端部卷曲的厚铁片，另一端锁梗长度超出锁体上的锁孔，将其堵塞，共有一长两短的三个簧片。此锁包含锁体、锁栓、长簧片、短簧片、钥匙1、钥匙2等六机件。开启时，第一步将钥匙1的尖头对准锁孔a，沿负y轴方向插入，使长簧片离开锁体内墙；第二步将锁栓沿正x轴方向移出部分锁栓，直到短簧片接触内墙，停止锁栓移动；由于移出部分锁栓，使得原先被锁梗堵塞的锁孔b得以畅通，将钥匙2插入锁孔b、压缩短簧片、移出全部锁栓，完成开锁，如图6.1（b）所示。图6.2所示为另外两把外形不同，但开启方式相似的铁质插孔锁。

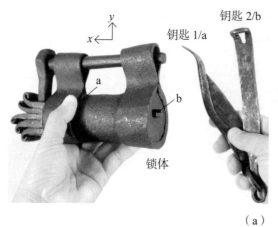
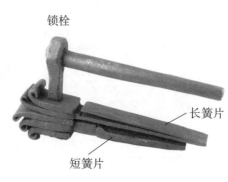

（a）

（b₁）将钥匙1插入锁孔a，压缩长簧片　　　　　　（b₂）移出部分锁栓

（b₃）将钥匙2插入锁孔b、压缩短簧片　　　　　　（b₄）移出全部锁栓

（b）开锁过程

图6.1　铁质插孔锁（美国艺智堂藏品）

（a）（ACMCF藏品）　　　　　　　　（b）（江西钟雷平藏品）

图6.2　开启方式相似的铁质插孔锁

图6.3（a）所示为一把作工细腻、造型雅致的铜质插孔锁，由于外形类似古代装箭的箭囊，亦被称为箭囊锁，主要见于湖南与湖北。此锁同样使用加长的锁梗堵塞位于端面的锁孔b，不同之处是锁孔a位于底部，且在长簧片、锁梗及短簧片的相同位置上，各开有一小孔。开启时，先将钥匙插入锁孔a，压缩长簧片，即可移出部分锁栓；然而，锁孔b并没有因为部分锁栓的移出而畅通，锁孔b还是被锁梗堵塞，无法插入其他钥匙；下个步骤仍是将钥匙插入锁孔a，借由钥匙穿过长簧片、锁梗及短簧片上的小孔，使得钥匙齿销可以倒钩压缩短簧片、再移出部分锁栓，然后斜着抽出钥匙、才能移出全部锁栓，完成开锁，如图6.3（b）所示。此锁的机械构造不是特别复杂，但开锁方式却是相当巧妙有趣，一般人不容易想到需要使用相同的钥匙，且连续两次插入相同的锁孔进行解锁，是一把具有简约的设计但却是不简单的好锁。

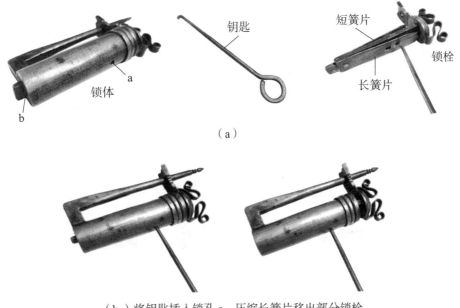

（a）

（b₁）将钥匙插入锁孔 a，压缩长簧片移出部分锁栓

（b₂）锁孔 b 仍堵塞，将钥匙再次插入锁孔 a

（b₃）钥匙齿销压缩短簧片才能移出全部锁栓

（b）开锁过程

图 6.3　插孔锁—单钥匙（沈阳王喜全藏品）

图6.4所示为另一把谢尔收藏（Schell Collection）的铜质插孔锁，同样有着精致的箭囊外形，容易让人以为其开启方式与图6.3所示锁相同；然而，看似相似的外形，却有着不同的内部构造。此锁在长簧片与锁梗的相同位置上，依然各开一小孔，但却缩短了锁梗的长度，改变短簧片的位置，增加钥匙数量，也因此产生不同的解锁过程。开启时，先将钥匙1插入锁孔a，使得钥匙1穿过锁梗与长簧片的小孔，才能下拉钥匙1、压缩长簧片、移出部分锁栓；由于移出部分锁栓，锁孔b已经不再被锁梗堵塞，因此可用钥匙2插入锁孔b，压缩短簧片、移出全部锁栓，完成开锁。

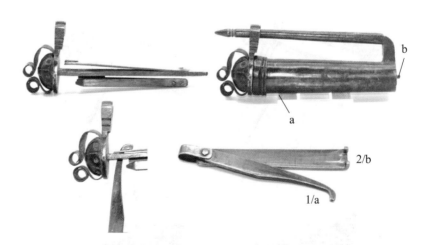

图 6.4　插孔锁—双钥匙

（文字：Martina Pall，图片：Hannah Konrad，技术图纸：Maria Windholz-Konrad）

第二节　挤梁锁

图6.5（a）所示也是一把山西的铁锁，锁体成圆盘形状，此锁最特殊之处为锁栓与锁梁是分离的两个机件，共有长中短的三根锁梗并分别对应装设长中短的簧片，锁孔则被中锁梗堵塞，包含锁体、锁栓、锁梁、长簧片、中簧片、短簧片、钥匙等七机件[18]。闭锁时，短簧片顶住锁体内墙，也因此固定住锁栓，整把锁除了锁梁可以活动之外，没有其他的开锁线索。开启时，第一步必须先将上方锁梁向右挤，压缩短簧片；第二步沿正x轴移动部分锁栓，直到中簧片接触内墙，停止锁栓移动；第三步再将锁梁向左挤，压缩中簧片；第四步再沿正x轴移动部分锁栓，直到长簧片接触内墙，此时锁孔才得以畅通；第五步将钥匙以正z轴方向旋转插入锁孔；接着，沿正x轴方向移动钥匙、压缩长簧片、移出全部锁栓，完成开锁，如图6.5（b）所示。

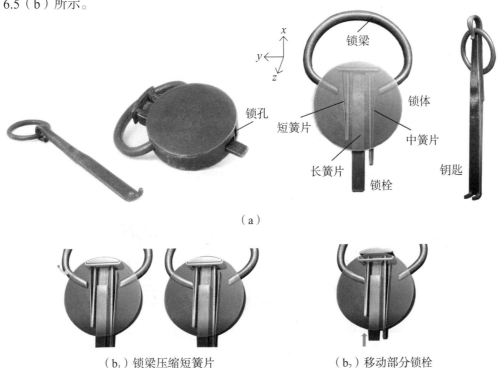

（a）

（b₁）锁梁压缩短簧片　　　　（b₂）移动部分锁栓

（b₃）锁梁压缩中簧片　　　　　（b₄）再移动部分锁栓，发现锁孔

（b₅）将钥匙插入锁孔　　　（b₆）移动钥匙，压缩长簧片　（b₇）移出全部锁栓

（b）开锁过程

图 6.5　挤梁锁—三个簧片（美国艺智堂藏品）

　　由于上述的挤梁锁设有三根锁梗与三个长度不一的簧片，构造与开启过程相对复杂，图6.6所示为两根锁梗与两个簧片的简化设计，开锁过程类似，只是减少一次锁梁挤压簧片的步骤。图6.7所示则为更简化的设计，一样具有两个簧片，但是将钥匙与锁孔省略，直接以锁梁分别挤压左右两个簧片并移出锁栓，即可完成开锁。这种不需钥匙即可开锁的锁具类型又称为无钥锁，图6.8所示则为另一把外形呈圆筒状但开启方式相同的无钥锁。

图 6.6　挤梁锁—二个簧片（美国艺智堂藏品）

图 6.7　挤梁锁—无钥匙 I（美国艺智堂藏品）

图 6.8　挤梁锁—无钥匙 II
（NSTM 藏品）

第三节　小结

　　堵塞式锁孔锁主要是通过延伸锁梗（锁栓）的长度并借此挡住锁孔，使得钥匙无法直接插入，形式变化相对较少。根据目前的研究成果，可以分成插孔锁与挤梁锁两种类型。第一类的插孔锁以锁体上的小孔为其开锁的提示，借由钥匙的尖头或小针的插入，压缩位于小孔内部的簧片，才能推动挡住锁孔的锁梗，使得钥匙得以插入锁孔，压缩另外的簧片、完成开锁，本章介绍了3把此种类型的插孔锁。另有2把外形类似箭囊的插孔锁，却有着不同的开启方式，一把需要使用相同钥匙且连续两次插入相同小孔才能解锁，这样的设计相当简洁却又颇具开锁难度；另一把则是需要两把钥匙，依序插入不同锁孔进行解锁。第二类为挤梁锁，其主要特征是锁栓与锁梁是分离的两个机件，透过手推锁梁挤压簧片，使得锁栓可以移动，才能释放锁孔的空间供钥匙插入，本章探讨此类型锁具共4把，其设计原理相似，之间的差异只在簧片的数量以及有无使用钥匙，这样的差别也影响手动锁梁的次数及其开锁的步骤与复杂度。

第七章

湖北岳口锁

　　湖北省天门市岳口镇在清朝时期（1644—1911）即是著名的造铜锁重镇，生产的岳口锁用料实在、质量优良，获得极高的评价，借由水路的运输，营销到中国其他省份与东南亚各国，直到现在，岳口锁仍是许多古锁收藏家关注的重点。本章简要介绍岳口锁的历史发展，梳理对锁匠的访谈纪录，探讨岳口锁的制造方式，以及分析岳口锁的类型与特色。

第一节　岳口锁历史发展

　　湖北省，简称"鄂"（别称"楚""荆楚"），省会为武汉市。湖北省位于华中地区、长江中游，内河航运发达，河网密布、水资源丰富，拥有一千多条大小河流，其中，长江与汉水（又名"襄河""汉江"）是两大水运干线。在19世纪时，湖北省的乡村只有小道相连，而境内的水路交通是运输货品最方便且经济的方式。天门市是湖北省的省直辖县级市，岳口镇则隶属于天门市，位于汉水的一个弯道边，有水利与地形之利。如图7.1所示为清乾隆时期（1736—1796）之天门县志中记载的岳口镇图[36]，县志中亦记载："岳口临襄河，便舟载……途当冲要，行商坐贾交易之所聚。"由此可知，岳口镇在清朝时期已经是相当重要的贸易与商业交流集散地。此外，汉水是长江最长的支流，又是华北仅次于黄河的重要河流。汉水穿过陕西省南部，为邻近的河南省和山西省提供通路，并在岳口镇上游蜿蜒于湖北北部；汉水在岳口镇下游约175公里处的汉口市，汇入中国最著名的长江。长江水路将岳口镇与天门市和湖南省、四川省、贵州省相连接起来。而自1861年起，汉口市开放成为对外贸易口岸，长江又将汉口与世界联通，在汉口地区开埠后，欧美与日本等国家的货物通过海路运输送到汉口，再由汉口分送营销到中国各地。

图7.1　清乾隆时期岳口镇图

　　根据1995年出版的《湖北省志》[37]及1990年出版的《岳口镇志》[38]内容，可以梳理得知在清光绪时期（1875—1908），岳口制作熟铜锁非常盛行且为著名的锁具产地，并有如下四个特点：一是设计精巧，造型优美；二是品种多样，大小均有，大者可长达1.2尺，小锁则仅1寸；三是经久耐用，封缄焊接不脱落，簧片不易断裂；四是性能良好，钥匙开启灵活且不易发生故障。岳口锁种类繁多，主要有"字锁"（组合锁）与"钥匙锁"（簧片锁）两大类，其中的钥匙锁还可分为"图案锁"（隐藏式锁孔机关锁）与"巧孔锁"（迷宫锁）。19世纪90年代，岳口镇共有大小铜锁铺20多家，行号如胡和兴、杨大昌、周树德、刘杨顺、帅兴福、鲁长发等，聚集在岳口镇的铜匠街与三岔街口，形成铜锁的热闹市集，图7.2所示为民国时期的岳口镇图，可以看出铜锁闹市位于汉水码头附近。熟铜锁的制造工艺大概分成配料、制坯、整形及组装等四个过程，整个工序全部为手工操作，生产之锁具质量优良，通过水路运输营销到陕西、山西、河南、江西等省份，并远销至东南亚各国。

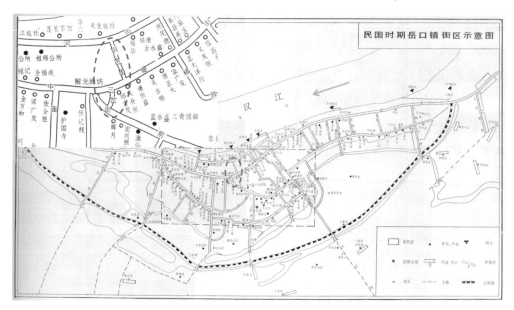

图 7.2　民国时期岳口镇图

　　1938年，岳口镇的铜匠街与三岔街上还有十多家锁铺店，但是，随着现代的针珠制栓锁（弹子锁）的流行和畅销，传统的铜锁逐渐没落并且被取代，最后退出了市场。20世纪70年代后，岳口镇所剩无几的传统锁匠也转行做其他工作营生，若有顾客需要，有时也会修理老锁或给老锁配钥匙。图7.3所示为2010年岳口镇三岔街原址照片[2][17]，当年繁荣的景象及锁铺店面已经不复见。

图 7.3　岳口镇三岔街原址（刘念摄于 2010 年）

2009—2015年间，雷彼得（Peter Rasmussen）与张卫夫妇之研究团队多次到岳口镇进行田野调查，共访谈两位原来曾经从事锁具制造的匠人及三位锁匠的儿子或孙子，详细的口述访谈与研究内容可详阅参考文献[2]。其中，两位锁匠因为逃荒，分别从江西省与山东省带着自有的技术来到岳口镇从事锁匠工作；另三位则是当地岳口镇附近的居民，通过师徒传承与自我学习，发展锁具技术与事业规模。

1850—1950年间，岳口锁的兴盛发展有三个主要因素：一是欧美和日本的黄铜质量远高于当时中国自产的黄铜，优质的黄铜原料运送至汉口后，可以很快的速度及相对便宜的价格运至岳口镇，供锁匠使用。二是岳口锁匠的工艺技术，除了通过自己本身的研究发展之外，还有来自外地的技术转移，激发出更好的设计构想与制作方法。三则是生产的岳口锁通过便利的水路运输，快速营销到全国各地及东南亚各国。优质的锁具质量、低廉的运输成本、广大的销售市场，大大提升岳口锁的竞争力与独特性，成为当时著名的锁具品牌。

第二节　岳口锁制造方法

根据2019年的调查，岳口镇制造传统锁具的锁匠皆已凋零不在，古早铜挂锁的制造工艺技术已渐渐消失不见。所幸，2009—2015年间，雷彼得先生带领研究团队多次到岳口进行田野调查，并于2010年4月实际口述访谈岳口退休老锁匠熊发姆（1922—2012），获得第一手资料，留下珍贵的岳口锁制作工法[17]（图7.4）。2010年，熊先生已是村里最后一位传统锁匠，根据熊先生的说法，他的爷爷和四个兄弟是从江西省逃荒到岳口，带来制锁的工艺技术。熊先生的爷爷将手艺传给了他的父亲，熊先生的父亲又将技术传给了熊先生。熊先生从14岁就开始做锁，16岁就能自立做锁。熊

图7.4　采访熊发姆（刘念摄于2010年）

先生的父亲活到80多岁，但他60岁时就不再做锁，因为长期在炉火边工作造成职业伤害，使得熊先生父亲的眼睛后来失明了。一般来说，锁匠都有亲属关系，手艺技术传承是师徒制，大多数只传给儿子，不轻易外传他人。1959年，熊先生的眼睛也出现问题，加上传统铜挂锁的市场也逐渐萎缩，之后就不再做锁。

根据对熊先生的访谈及相关资料的阐述，岳口锁的制作工艺主要分为钥匙、锁栓、簧片、锁体等四部分[17]。钥匙制作采用的是铸造工艺，可分为三个主要步骤：第一步是制作钥匙模型，根据钥匙的设计形状，用锉刀将竹片锉成约2～3 mm厚的预制钥匙形状，用于制作铸模的型腔，如图7.5（a）所示。第二步是制作铸模，如图7.5（b）所示，铸模用两块厚度约为70 mm的木块制成，在每块木块中间挖出和钥匙形状相近的凹槽，然后在凹槽内铺上一层起隔热脱模作用的干木炭灰。之后填入湿木炭灰并铺平，湿木炭灰的作用是产生钥匙形状；接着把竹制钥匙模型压进湿木炭灰中，合并两个铸模后，再将钥匙模型取出，此时，铸模中形成钥匙形状的空腔，如图7.5（c）所示；最后在铸模边缘挖出浇铸孔。第三步是进行浇铸，用手压紧两个铸模，使其紧密结合在一起，倾斜一定的角度，将熔化的粗铜水（含铜量约98.5%）从浇铸孔浇入，如图7.5（d）所示。冷却后，开模即可取出铜钥匙，稍作修饰，即完成钥匙的制作。

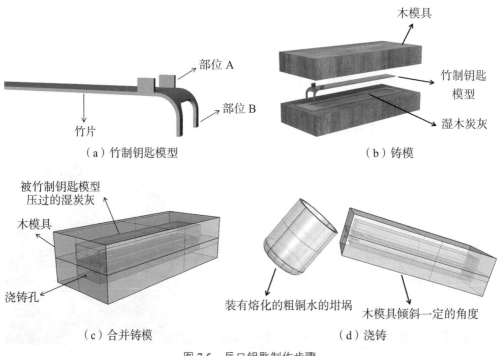

图 7.5 岳口钥匙制作步骤

锁栓的制作分两个部分，第一部分是锁梁与侧件，主要采用翻砂铸造工艺一体成型。在制作铸造模具时，先对侧件进行倒模，制作砂型，随即用一铜棍插入砂型中，用于制成锁梁的型腔，图7.6（a）所示为制作不同大小之岳口锁使用的模型。锁梗同样用翻砂铸造的工艺制得，并在锁梗端部留有柱状凸出块。在侧件适当位置贯穿开出一圆孔，将锁梗凸出块插入侧件的圆孔，以敲击方式进行铆接固定，凸出块超出锁侧件的部分，再敲击打平，提高连结的强度，如图7.6（b）实圈处。簧片的制作是根据设计好的形状和尺寸，对约1.5 mm厚的进口黄铜进行切割并打磨制得。簧片与锁梗的连接亦是通过铆接工艺制作而成，如图7.6（b）虚圈处。

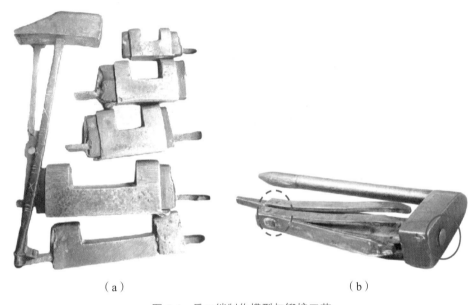

（a）　　　　　　　　　　　　　（b）

图 7.6　岳口锁制作模型与铆接工艺

锁体的制作过程主要分两个阶段，锁体各部件的分解图如图7.7（a）所示。第一阶段是制作各个部件，将约8 mm厚的铜板片，根据锁体的设计尺寸，剪裁和弯曲后形成部件C，如图7.7（b）；部件A和部件D同样是通过剪裁铜板后制成；部件B、E和F则是用铜板或新铁制成。第二阶段是进行各部件之间的焊接，以岳口地区称为月石的硼砂作为焊药，用钳子将各部件紧密夹紧不得有缝隙，在结合处刮上硼砂后，进行高温加热，高温使得硼砂熔化并沿着结合处流动，完成焊接。

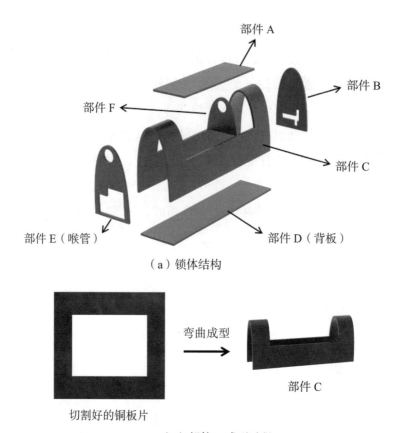

（a）锁体结构

（b）部件 C 成型过程

图 7.7　岳口锁体制作程序

第三节　组合锁

　　岳口组合锁以造型雅致、做工细腻著名，根据现存文物的类型，主要有三转轮、四转轮、五转轮的组合锁，如图7.8所示。每一个转轮的表面都刻有一些记号（通常是汉字）。转轮的内部是一个带槽的转盘，每个转盘对应锁梗上的一个凹槽，可以在槽内转动。开锁时，需要转动每一个转轮使其表面的文字或符号对应开锁的密码，这时每个转轮内部的槽就会与锁梗对齐，锁栓就可以取出，完成开锁，图7.8（e）为图7.8（b）所示锁之3D透视开锁过程。[17]

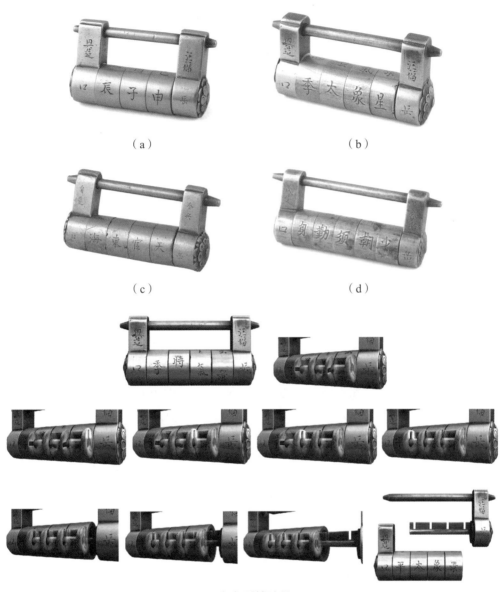

（a）　　　　　　　　　　　　（b）

（c）　　　　　　　　　　　　（d）

（e）开锁过程

图 7.8　岳口组合锁（美国艺智堂藏品）

　　除了密码的转轮数不同之外，锁体的外观形状和设计风格都很相似，每把锁的两侧都有对称的八瓣花装饰。此外，在锁体两端下方刻有地名"岳口"两字，锁的两端上部都刻有作坊或锁匠名号，这也是岳口组合锁的一大特色，推论应是当时的岳口组合锁已经是知名品牌，所以加注地名与作坊，可以提升产品价值与辨识度，方便进行品牌营销，如图7.8（a）-（b）刻有"汪福兴造"，图7.8（c）-（d）则是分别落有"合兴自造"与"蔡怡茂造"款。

第四节　簧片锁

　　岳口簧片锁的制造工艺如同岳口的组合锁一样，在做工与用料方面皆属上品，有些锁体带有精美的装饰，有些则造型简约。此外，岳口簧片锁多数会在锁栓侧件位置刻上锁具作坊或锁匠名号，也有少数的簧片锁会刻上地名"岳口"两字，然而，根据外形与做工的精致度，岳口簧片锁还是具有很明显的特色与辨识度。岳口簧片锁的类型主要有开放式锁孔与隐藏式锁孔两种，分别介绍如下。

一、开放式锁孔锁

　　开放式锁孔的岳口锁类型较为多样，外形也相对简单素雅，主要可分为没有机关的一般锁、倒拉锁、迷宫锁、多段式开锁等四类。图7.9（a）所示为一把没有机关的一般锁，在侧件上落有"岳口刘福太造"款，其锁梗具有特殊设计，除了上下锁梗各自连接两簧片之外，中间另外加设一根障碍物，因此必须搭配立体且中空的钥匙头，才能顺利压缩所有簧片，其构造简单却具有良好的安全效果。此外，这把锁是少数在锁栓侧件刻上地名"岳口"两字的簧片锁，图7.9（b）为其3D透视开锁过程。[17]

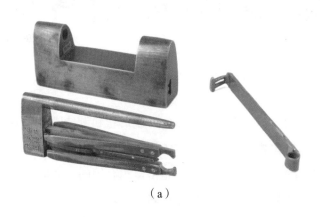

（a）

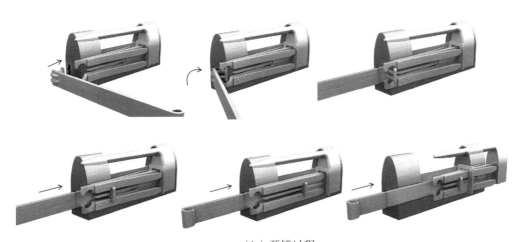

（b）开锁过程

图 7.9　岳口一般锁（美国艺智堂藏品）

图7.10（a）所示为钥匙插入后旋转再倒拉锁，与图4.9所示锁相似，同样具有单一簧片且一端直接连接于锁体下方，借由另一端的簧片上翘卡住锁栓，使得锁栓无法移动，达到闭锁功能；与图4.9所示锁不同之处则是在锁梗上开有一通道供钥匙进出使用，图7.10（b）为其3D透视开锁过程。[17] 此外，这款倒拉锁形式亦可见于湖南、江西等地区。

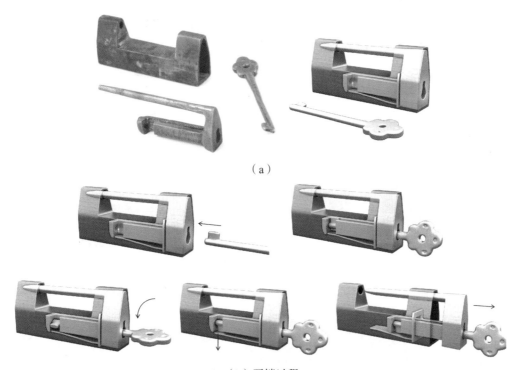

（a）

（b）开锁过程

图 7.10　岳口倒拉锁（NSTM 藏品）

　　岳口迷宫锁的类型相当多样，可以如第四章第二节中介绍的迷宫锁分类方式，细分为钥匙第一步骤以旋转插入、滑动插入、扭转插入锁孔等三类，包含锁体、锁栓、簧片、钥匙等四机件。图7.11（a）所示为侧件落有"蔡怡茂造"款、钥匙第一步骤以旋转方式插入锁孔之迷宫锁，图7.11（b）所示为侧件落有"汪同盛造"款、钥匙以滑行方式插入锁孔之迷宫锁，图7.11（c）所示则为钥匙以扭转方式插入锁孔的迷宫锁，详细的开锁步骤可参考第四章第二节。

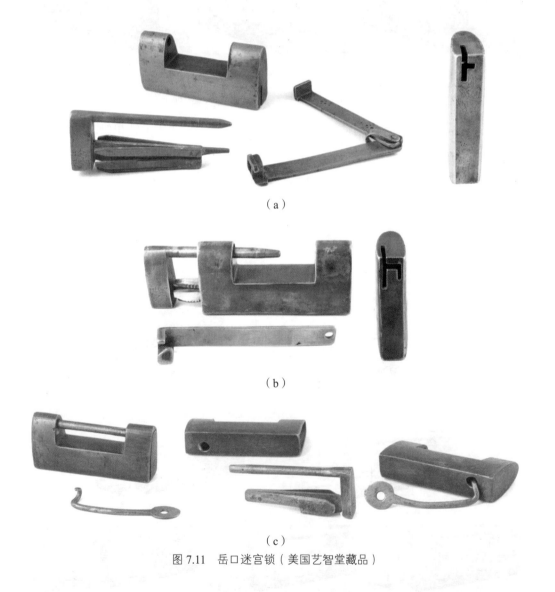

（a）

（b）

（c）

图7.11　岳口迷宫锁（美国艺智堂藏品）

　　图7.12所示为一款需要使用钥匙1与钥匙2，依序插入锁孔，分别压缩长簧片与短簧片，并且分两段移出锁栓，才能完成开锁步骤的两段开启岳口锁。

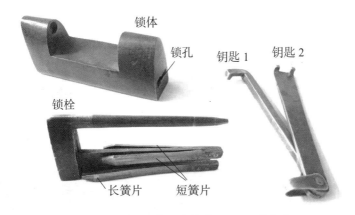

图 7.12　岳口两段开启锁（ACMCF 藏品）

二、隐藏式锁孔锁

岳口隐藏锁孔锁的做工相当精细且造型典雅，大多在底板中间与两侧分别以宝剑和花瓣作为装饰物，两端面设有按钮（有些呈花瓣形状），如图5.10所示，属于下压端面钮簧才能找到锁孔的类型，详细开锁步骤如第五章第二节所示；有些锁除了巧妙地将锁孔隐藏之外，更加入迷宫锁的设计，形成复杂机关锁，开锁难度相对提高。图7.13（a）-（b）所示皆为侧件落有"汪福兴造"款，结合隐藏锁孔与迷宫的双机关类型，找出锁孔后，如何将钥匙头插入锁孔，将是另一个恼人的问题，图7.13（c）为图7.13（a）所示锁之3D透视开锁过程。[17]

（a）

（b）

（c）开锁过程

图 7.13　岳口隐藏锁孔锁（美国艺智堂藏品）

第五节　小结

由于岳口镇具有特殊的地理位置及优良的制锁条件，自清朝以来，一直是著名的铜锁制作地区，除了销售到其他省份之外，更外销到东南亚各国，是中国具代表性的传统挂锁品牌。借由多次到岳口镇进行田野调查、口述访谈锁匠与相关人员、分析与整理锁具实物构造，本章介绍岳口锁的历史发展、制作方式、锁具类型、机构构造、开锁过程，为锁具藏家及专家学者的研究提供参考。

岳口锁以用料实在、做工精细著名，主要有组合锁与簧片锁两类。其中的组合锁常会在锁面上落有"岳口"与作坊名称的字款，整体造型清秀优雅，受到很多藏家的喜爱，本章介绍三转轮、四转轮、五转轮等共4把组合锁。岳口簧片锁的类型相当多样，包含了开放式锁孔的一般锁、倒拉锁、迷宫锁、多段开启锁，本章共介绍6把开放式锁孔岳口锁。岳口隐藏式锁孔锁的主要类型为下压端面钮簧锁，本章提供2把加入迷宫机关设计的隐藏式锁孔锁。

第八章
山西锁

明清时期，山西工商业逐步发挥特有的影响力，为山西地区带来丰富的资源及大量的财富，除了引入其他省份及西域地区的新颖技术方法之外，更结合当地优良的工艺技术，开创出具有特色的传统手工产业。由于当时许多手工业主与富商拥有越来越多的财富，锁具的需求量也相对提升，并且非常注重锁具的制作质量，也因此成就了做工精良且具有鲜明特征的山西传统挂锁。本章简要介绍山西锁的历史发展，梳理山西锁的类型与特色，分析山西机关锁的机械构造。

第一节　山西锁的历史发展与类型特色

具有悠久历史的山西省，简称"晋"，省会为太原市，北与内蒙古交接，东西南向分别与河北省、陕西省、河南省相邻。由于历史发展过程的复杂性与多样性，使得山西在中华文明中具有独特的文化特征。山西省北部为游牧地区，南有盐池矿藏，复杂多变的地质环境，造就独特的山川地貌及丰富的天然资源，如煤、铁、铜、铅、锡、金、银等多种自然资源广为分布，并且产量充沛。古人运用智慧与才华，配合当地的风土习俗，孕育出地域特色鲜明的山西传统手工技艺。从开采、冶炼、铸造、制器等环节中，发展出多种工艺技术，推动山西传统金属加工技术水准的提升。

明朝时期（1368—1644），山西的商人借由经营边防军需物资起家，通过运输军粮获得贩卖食盐的许可证，赚取大量财富。清朝时期（1644—1911）的山西商人对当时政府的财政做出巨大贡献，拥有"御用商人"之称，晋商的名号渐渐响亮，影响力也与日俱增。晋商票号业更在清朝称雄，不仅为山西带来巨大的财富，也引进来自他乡和异域的新奇事物，在传统的工艺技术上加入新颖的观念方法，开创出丰富多样的手工业技术史。由于晋商在明清时期达到鼎盛，拥有许多财富，晋商请锁匠制作的锁具，用料、做工、样式、功能都非常讲究，成就了制作技术优良且外形精美的山西传统锁。

山西传统锁主要有铁与铜两种材质，这与山西蕴藏丰富的铁矿和铜矿有关，另由于地处北方，环境相对干燥，适合铁锁的使用与保存，加上铁的原料成本比铜的价格便宜许多，因此，山西铁锁的使用较为广泛且类型相当多样；再者，亦有文献记载山西的晋城市，生产制造十多款各种形式的铁锁[39]，如图8.1所示。

山西制铁史 乔志强 著
开，那就更多了，如以晋城生产的铁锁而论，就有：圆锁、
方锁、侯马锁、五道箍锁、炮锁、顶方锁、牛圪玲锁、小方锁、
牛蛋锁、未五样锁、老伟锁等十几种，所以各种货物的

图 8.1 山西铁锁文献

有关山西锁的类型与特色，除了常见的广锁之外，还有如"圆锁""方锁""炮锁""五道箍锁""侯马锁""胡人锁""动物锁"等多种造型，形式种类亦与南方锁具有些许的不同。其中，有别于一般广锁的横式锁具形式，在山西地区常见到竖式锁具类型，更有极具特色的胡人锁，显示出山西自古以来与西域地区文化的相互交流影响。钥匙以螺旋接头插入锁孔的螺旋锁具，亦常见于山西地区，然而，明朝以前的历史文献，中国并无螺旋与螺杆之发明和应用的记载，亦没有相关的出土证物，因此，螺旋锁具应该也是受到外域文化影响的产品。图8.2所示为数款具有山西特色的锁具类型。

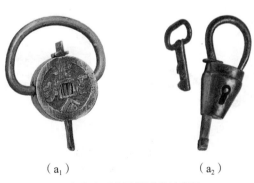

（a₁）   （a₂）

（a）山西省民俗博物馆藏品

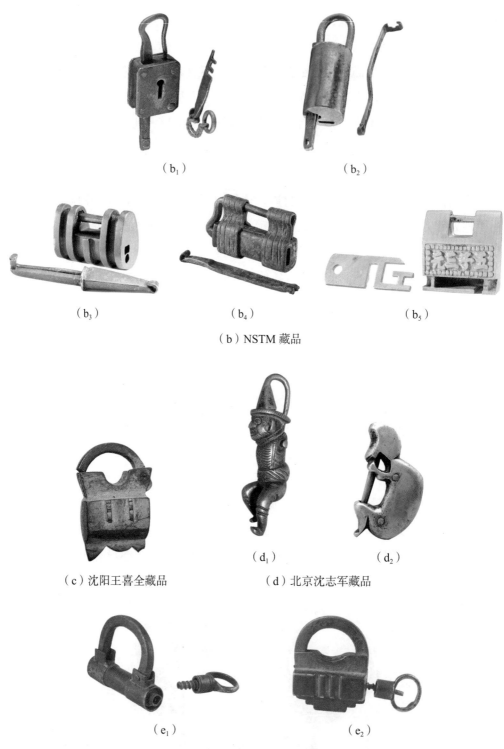

（b₁）   （b₂）

（b₃）   （b₄）   （b₅）

（b）NSTM 藏品

（d₁）   （d₂）

（c）沈阳王喜全藏品   （d）北京沈志军藏品

（e₁）   （e₂）

（e）美国艺智堂藏品

图 8.2 山西锁具类型

明清时期，山西地区的经济贸易相当发达，创造了许多财富，产生众多富有的手工业主与商人，为了要保护与收藏金银钱财和奇珍异宝，好的锁具需求量极大。其中，又以开启难度高的机关锁受到更多的关注与重视，主要以簧片锁为主，可分为开放式锁孔、隐藏式锁孔、堵塞式锁孔等三大类，其中的堵塞式锁孔锁详见第六章，以下介绍另外两种主要类型。

第二节　开放式锁孔锁

山西开放式锁孔机关锁的材料以铁质居多，主要分为迷宫锁与多段开启锁两类。图8.3（a）所示为钥匙第一步骤以旋转方式插入锁孔的迷宫锁，锁体底面与锁栓侧件端面分别落有"福"与"和"款，其开锁方式如图4.14所示；图8.3（b）则是另一把钥匙以旋转方式插入锁孔的迷宫锁，锁体底面与锁栓侧件端面分别落有"陈"与"和"款，其开锁方式如图4.17所示。图8.3（c）为钥匙第一步骤以滑动再旋转，才能插入锁孔的迷宫锁，锁体底面落有"王"款，其开锁方式可参考图4.18所示；图8.3（d）为另一把钥匙先以滑动再旋转之迷宫锁，锁体底面与锁栓侧件端面分别落有"张"与"全"款，开锁方式可参考图4.21所示；图8.3（e）–（f）所示则为两把迷宫锁，其钥匙以扭转方式插入锁孔。

（a）　　　　　　　　　　　　　（b）

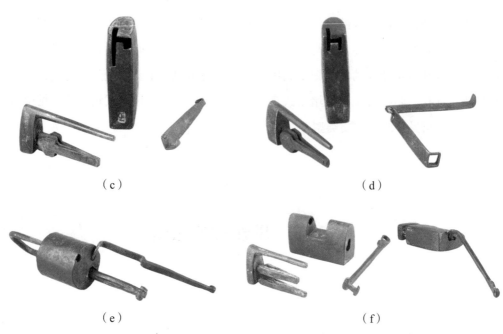

（c）　　　　　　　　　　　（d）

（e）　　　　　　　　　　　（f）

图 8.3　山西迷宫锁（美国艺智堂藏品）

图 8.4　山西插入旋转锁（美国艺智堂藏品）

　　山西多段式机关锁的类型亦是相当多样，依第四章第三节介绍之开启方式进行分类，可分为插入旋转锁、两次插入锁、双梁锁等三类。图8.4所示为一款钥匙从锁体正面插入旋转锁，包含锁体、锁栓、长簧片、短簧片、钥匙等五机件。锁孔位于锁体正面，锁梁为圆钩型，锁梗端点装设一小挡片，闭锁时小挡片恰好遮住锁体侧面的小孔，而短簧片恰好在该小孔下方。开启时，钥匙齿销朝上插入锁孔，再将钥匙旋转270°压缩长簧片并移出部分锁栓，才得以发现原先被小挡片遮住的小孔；接着，以钥匙尖端戳小孔压缩短簧片，才能移出全部锁栓，完成开锁。

　　图8.5所示为一把双色铜的两段开启锁，该锁的锁体与锁栓，分别使用两种铜质材料制成，做工、用料相当有创意，造型、质感亦是非常精美。锁体如圆筒的形状，锁孔位于锁体下方，另有一小孔位于锁体侧边。开启时，先将钥匙以扭转方式插入锁孔，再推动钥匙压缩长簧片及移出部分锁栓；抽出钥匙后，再以钥匙尖端戳小孔压缩短簧片，移出全部锁栓，完成开锁。

图 8.5　山西双色铜两段开启锁（ACMCF 藏品）

图8.6所示为一把两次插入锁，开启时，先将钥匙齿销向下插入锁孔，压缩长簧片，并移出部分锁栓；抽出钥匙后，再将钥匙齿销向上插入锁孔，压缩短簧片，移出全部锁栓，完成开锁。

图 8.6　山西两次插入锁（美国艺智堂藏品）

图8.7（a）所示为相当罕见且设计巧妙的双梁锁，该锁特殊之处在于具备两个锁栓，每个锁栓各自设有锁梁、锁梗、簧片，所有的机件都精细设计安排在锁体中，该锁包含锁体、锁栓1、锁栓2、簧片1、簧片2、钥匙1、钥匙2等七机件[18]。锁孔a位于锁体正面左上方，开启时，第1步先将钥匙1齿销朝右，沿正z轴方向滑动插入锁孔a；第2步沿负x轴方向滑动钥匙1；第3步以正z轴方向旋转90°，之后沿正x轴方向滑动钥匙1、压缩簧片1、及移出锁栓1，依上述插入锁孔a之相反方式取出钥匙1。移出锁栓1后，才能看见隐藏于锁体侧边的锁孔b，由于锁孔b过于窄小，第7步需要将钥匙2齿销朝锁孔b，以负y轴方向旋转90°转入锁孔2；第8步以负x轴方向旋转90°；第9步沿负y轴方向滑动插入簧片2的通道，之后沿负x轴方向滑动钥匙2、压缩簧片2，直到簧片末端与锁体内墙分离，再依上述插入锁孔b之相反方式取出钥匙2后，最后才能将锁栓2移出，完成开锁，过程如图8.7（b）所示。

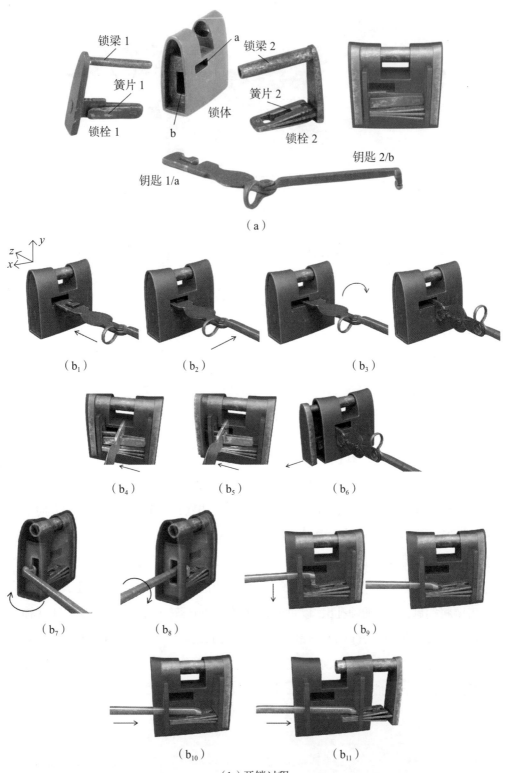

（a）

（b）开锁过程

图 8.7　山西双梁锁（美国艺智堂藏品）

第三节　隐藏式锁孔锁

山西的隐藏式锁孔锁亦是以铁质材料居多，有些锁的外形粗犷不拘小节，有些则是整体典雅且做工精细，以第五章介绍之开锁第一步骤分类方式，山西隐藏锁孔锁主要可分为滑板（钮、饰）锁、压簧锁、插孔锁等三种类型，介绍如下。

图8.8所示为具有五道箍外形之铁质滑动内端板锁，包含锁体、锁栓、簧片、内端板、端板、钥匙等六机件，开锁方式可参考图5.3。图8.9所示为另一把铜质的滑动内端板锁，以同样的方法，找到锁孔后，需要使用两把钥匙，依顺序插入锁孔，分两次移动锁栓，才能完成开锁。此锁之侧件落有"四盛公"款，其落款字样与开锁方式皆相当独特。

图 8.8　滑动内端板锁—五道箍（美国艺智堂藏品）

图 8.9　滑动内端板锁—双钥匙（山西秦永刚藏品）

图8.10所示为一把双色铜滑动前钮锁，外形雅致且做工用料皆属上乘。锁体上设计两个装饰钮，一个可动一个固定，锁栓上设有一个通道供可动钮通行，锁梗上有长、短两簧片。闭锁时，可动钮位于通道上方，使得锁栓无法移动，因锁梁末端

阻止端板转动，使得端板将锁孔隐藏起来。该锁包含锁体、锁栓、可动钮、长簧
片、短簧片、端板、钥匙等七机件。开启时，第一步将可动钮沿负y轴方向滑动；第
二步将锁栓沿正x轴方向移出；第三步转动端板，才能发现锁孔；接着，将钥匙齿销
先向上、再向下插入锁孔，分别压缩长簧片与短簧片，依序移出锁栓，完成开锁。

图 8.10　双色铜滑动前钮锁（ACMCF 藏品）

　　图8.11所示为一把铁质的下压端面钮簧锁，包含锁体、锁栓、长簧片、短簧
片、端板、及钥匙等六机件，开启方式可参考图5.10。虽然这把锁的开启步骤少了
滑动底板的过程，但还是具有良好的安全性及隐藏锁孔的效果。

图 8.11　下压端面钮簧锁（美国艺智堂藏品）

　　图8.12所示为另一把外形呈现五道箍的铁锁，但开启的第一步骤却是下压端面
钮，属于压簧锁的类型，找出锁孔方式与图8.11所示锁一致；接着，将钥匙齿销向
下插入锁孔，压缩下簧片即可移出全部锁栓，完成开锁。此外，这把锁有个奇特的
情况，锁梗上设有两组簧片，但其中一组簧片没有发挥功能；一般而言，这两组簧
片的长度是一长一短，开启时，钥匙应该需要两次插入锁孔，分别压缩这两组簧

片，才能完成开锁的程序。为何如此设计？是瑕疵品还是故意为之？真正的原因也只有当时的锁匠才能知道了！

图 8.12　下压端簧锁—五道箍（美国艺智堂藏品）

　　山西压簧锁除了上述常见的类型之外，亦有开锁方式相当特别的机关锁，如图8.13（a）所示。此锁共有锁体、锁栓、右端板、左端板、底板、具可动钮之簧片1、簧片2、簧片3、钥匙1、钥匙2等十机件。右端板之锁梗插入锁孔a中，并以具可动钮之簧片1与锁体内墙相接，使得右端板无法移动，保护锁孔a不被轻易发现。左端板连接在锁栓上，其下方凸出，刚好与底板凹处以榫卯方式相互卡住，簧片2与簧片3则连接在锁梗上，其中的簧片2与内墙相接，使锁栓与底板皆无法移动，因此隐藏了锁孔b。开启时，第一步沿负y轴方向下压可动钮滑动至最下方，使簧片1离开内墙，将右端板沿负x轴方向移出，即可找到锁孔a；使用钥匙1沿正x轴插入锁孔a，进而压缩簧片2，才能移出部分锁栓，并解除了左端板与底板的固定情况，因此可以转动左端板，再沿正x轴方向移动底板，才能发现锁孔b。钥匙2插入锁孔b的方式如同图4.18的迷宫锁，最后才能移出全部锁栓，图8.13（b）所示为其开锁过程。

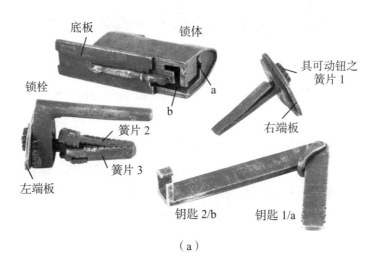

底板　　　　　　锁体

锁栓

a

b

具可动钮之
簧片1

右端板

簧片2

簧片3

左端板

钥匙2/b　　　钥匙1/a

（a）

（b₁）下压可动钮、移出右端板

（b₂）插入钥匙1、压缩簧片2、移出部分锁栓

（b₃）转动左端板

（b₄）移动底板

（b₅）插入钥匙2

（b₆）移出全部锁
（b）开锁过程
图8.13　下压端簧锁—迷宫（美国艺智堂藏品）

　　山西插孔锁除了第五章第三节介绍的插底部孔锁之外，也有如图8.14（a）所示之插端面孔锁。此锁具有弯曲的锁梁，锁体呈现长方盒形状，锁孔位于端面被端板盖住，端板又被锁梁末端扣住，使得端板无法转动，也因此紧密地隐藏住锁孔。共有一长四短的五片簧片，位于小孔下方的长簧片抵住锁体内墙，使得锁栓无法被移动，形成闭锁状态，该锁包含锁体、锁栓、长簧片、短簧片、端板、钥匙等

六机件[14]。开启时，第一步将钥匙上的尖点对准小孔沿正y轴方向插入、压缩长簧片；因为长簧片的压缩，使得锁栓可以沿正x轴方向移动，直到短簧片接触锁体内墙，阻止锁栓移动；由于部分锁栓的移出，使得端板可以正z轴方向为轴旋转约120°，找出锁孔；第四步将钥匙齿销朝向锁孔，沿负y轴方向插入锁孔；接着，将钥匙沿正x轴方向滑动、压缩短簧片、移出锁栓，完成开锁，图8.14（b）为其开锁过程。

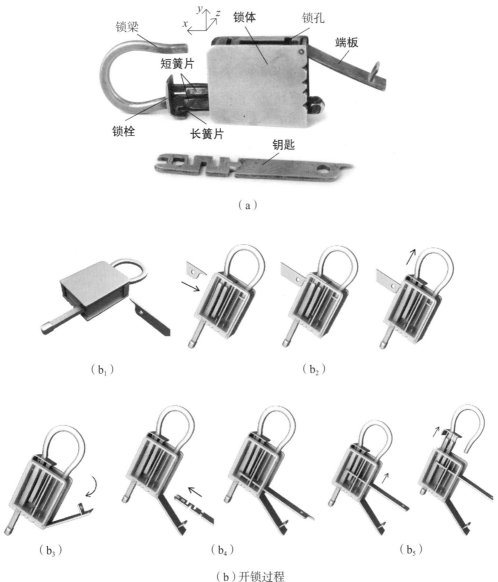

（a）

（b₁）　　　　　　　　（b₂）

（b₃）　　　　　　　　（b₄）　　　　　　　　（b₅）

（b）开锁过程

图 8.14　插端面孔锁（美国艺智堂藏品）

第四节　小结

　　山西具有独特的地理位置及丰富的矿产资源，在长时间接受外来文化的熏陶与交流的背景之下，创造出山西锁特有的风格与样貌。大量的铁质锁具丰富了山西锁具的类型，除了常见的广锁型式之外，许多锁具的外观呈现如圆形、方形、圆柱形等多样的几何形状造型，以及带有异域风格的特殊形式，增添了山西锁的辨识度与特征性。本章简要介绍山西锁的历史发展背景、锁具类型，分析了机件构造及其开锁过程，提出相关资料供有兴趣的藏家与学者研究参考。

　　山西地区主要以簧片锁为主，包含开放式锁孔、隐藏式锁孔、堵塞式锁孔锁等三类，其中的堵塞式锁孔锁可详见于第六章。本章介绍了12把具有特殊外形样貌的山西锁、6把迷宫锁、4把多段开启锁。山西的隐藏式锁孔锁可分为滑板（钮、饰）锁、压簧锁及插孔锁等三种类型，本章探讨了2把滑板锁、1把滑钮锁、3把下压端钮簧锁、1把插孔锁。

第九章

湖南锁

　　湖南传统手工艺产品涵盖范围广泛，设计制作的相关物品受到许多好评，例如刺绣、木雕、石雕、铜锁等。其中具有特殊外观的花旗锁及开锁难度极高的综合机关铜锁，更是做工精良且设计巧妙，反映出古代匠人的巧思创意及高超的工艺技术，如位于湖南省西北部的常德市桃源县出产的综合机关锁相当具有特色。本章以桃源锁匠的访谈纪录为基础，简要介绍湖南锁的历史发展与锁具类型，探讨湖南综合机关锁的形式与特色，分析综合机关锁的开锁过程。

第一节　湖南锁的历史发展与类型特色

　　湖南铜锁历史悠久、种类繁多，制造锁的地域亦是相当广泛，近代则以常德、长沙、邵阳、湘潭、衡阳等城市为主要制锁的地区。以常德地区为例，过去的铜匠大多没有固定作坊或店铺，匠人通常担挑自己的工具走街串巷。有时候，富有的大户人家会给他们提供食宿、工钱和原材料，雇用他们就地制作锁具和其他铜制品。只有少数的工匠专注制锁，大部分的匠人们为了增加收入，除了制作和修理厨房用品之外，还会兼作农具和其他的装置。

　　除了受雇于富有人家之外，有些锁匠也会在街道市集摆摊，有时候人们会拿来一把锁，带着原材料，让锁匠做一把更好的新锁。湖南与湖北岳口早期都产出质量优良的传统锁具，二者不同之处是湖南地区的锁体或侧件，通常没有留下地名或锁匠名号，但有时也会因应锁具主人的要求，刻上需要的文字或图样。有关制锁的费用计算方式则是根据造锁的工时而定，可想而知，越复杂越费工的锁，造价就越高昂。

　　近代湖南铜锁的造型相当多样，呈现出功能与美感的巧妙结合，代表性锁具类型为牛尾锁、具有特殊外观的花旗锁、综合机关锁等三类。因像牛的蜷曲尾巴而得名的牛尾锁是湖南地区的特色锁具，锁身上箍有三到十余个铜环，使得牛尾锁更加美观、耐用、防滑，有簧片锁与组合锁两类。图9.1（a）所示为一款典型的牛尾簧片锁，锁梗上有着四片长度相同的簧片，借由钥匙插入压缩簧片即可开锁，属于没有机关的开放式锁孔锁。牛尾组合锁由具有锁梁的锁体、转轮、锁栓组成，如图9.1（b）所示，锁体上的转轮只要转至正确的密码，使所有转轮的凹形缺口对齐，形成可让锁栓上凸块通过的通道，即可滑动锁栓使其与锁体分离，不需钥匙就能完成开锁，原理与一般组合锁相同。

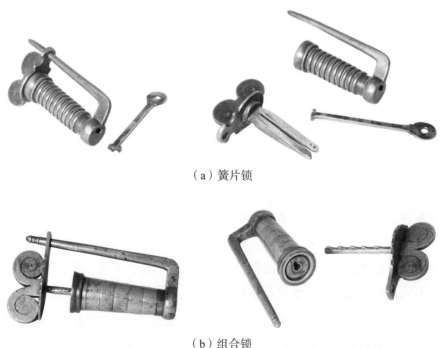

（a）簧片锁

（b）组合锁

图 9.1　牛尾锁（美国艺智堂藏品）

湖南花旗锁品种繁多，有琵琶、古琴、圆锁、方锁、花瓶等造型的器具锁，图9.2（a-d）所示为三把古色古香的乐器锁及一把形象鲜明的太极锁，也有牛、鹿、龟、蟹、鱼、蛙、猴、狗、蝴蝶、蝙蝠、麒麟等造型的动物锁，透过特定动物外形的象征意义或文字谐音，赋予锁具更进一步的期许与寓意。图9.2（e-f）所示为常德桃源特有的白铜牛锁，自古以来牛就是勤劳、忠诚、力量的象征，古代匠人借由牛的具体形象，转化为坚守主人珍贵物品的守护者。再者，猴为灵长类动物，与人的关系非常密切，被喻为聪明、机智、勇敢、活泼之兽，是智慧灵气的象征，更因为猴与侯谐音，普遍认为猴的形象表示封侯之意，图9.2（g-h）所示为造型灵动的两把猴锁。图9.2（i-j）所示则为象征富裕满盈的鱼锁，且因为鱼没有眼睑，即使休息或睡觉也不闭眼，有取鱼不瞑目，守护之义[1]。此外，桃源地区的动物锁多有可活动的配件，借由旋转或滑动的设计方式，让动物的头、耳、眼、舌、腿、尾等位置可以活动，再加上雕刻工艺极为精巧，整体造型显得栩栩如生，如图9.2（k）所示为一把头和四条腿都可以晃动的乌龟锁，在乌龟腹部落有"光绪壬辰、唐吉盛作"款。图9.2（l）所示则是一把青蛙亲吻莲花的动物锁，根据当地锁具藏家吴启胜先生所言，该锁为官夫人特别订做赠送丈夫，期许夫君为官要清廉（亲莲）爱民之意。

（a）（北京沈志军藏品）

（b）（北京沈志军藏品）

（c）（北京沈志军藏品）

（d）（北京沈志军藏品）

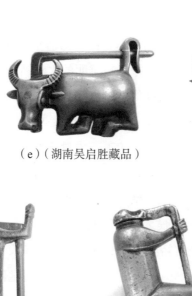

（e）（湖南吴启胜藏品）　　　（f）（湖南吴启胜藏品）

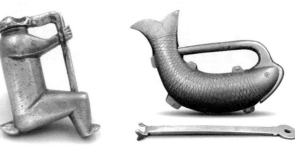

（g）（江西仙盖山古锁馆藏品）　（h）（北京沈志军藏品）　　（i）（北京沈志军藏品）

（j）（北京沈志军藏品）　　　　　（k）（湖南吴启胜藏品）

（l）（湖南吴启胜藏品）

图 9.2　花旗锁

　　湖南簧片锁的类型相当多样，除了上述介绍的牛尾簧片锁与花旗锁之外，也有广锁外形的簧片锁，根据锁孔的形式及开锁的困难程度，可以分为开放式锁孔锁与隐藏式锁孔锁两大类，以下章节分别介绍。

第二节　开放式锁孔锁

　　与其他地区的锁类似，湖南开放式锁孔锁也可以分为没有机关的一般锁、倒拉锁、迷宫锁、多段开启锁等四类。图9.3（a）所示为一把没有机关的簧片锁，如第一节所述，这把锁体与锁栓没有任何落款名号，但却是一把做工精良的好锁；图9.3（b）所示为另一把优质的簧片锁，侧件上落有"王玉岐"款，另装设三根锁梗与四个簧片，由于簧片分别设置在上下左右不同位置，增加开锁的难度。根据田野调查得知，王玉岐制锁技术高超，是20世纪初桃源地区著名的锁匠之一，因此特别打上名号。王玉岐的生活与工作一直在桃源地区，直到20世纪70年代去世，但因为没有徒弟与子女，良好的制锁工艺也因此失传[2]。

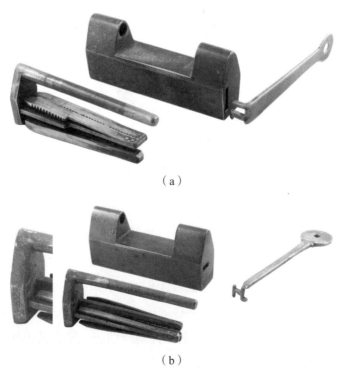

（a）

（b）

图9.3　无机关簧片锁（美国艺智堂藏品）

图9.4（a）所示为一把湖南倒拉锁，锁体正面刻有花草与图纹，上下两根锁梗装设四个簧片，虽然钥匙的开口及簧片的数量与形式，皆与图4.8所示之倒拉锁有些不一样，但开锁方式却是相同的。图9.4（b）所示则是另一把有趣的倒拉锁，此锁分别在锁体与侧件的端面上各开有一孔，初次接触容易误判为两个锁孔的锁，但事实上位于锁体端面的孔是烟幕弹，不具任何功能，而这样的设计方式，也是湖南锁的一项特色。开启时，钥匙齿销水平插入位于侧件端面的锁孔，插入后将钥匙旋转90°并沿负x轴方向滑动，直到齿销落入上下两簧片的开口处，即可往后拉动钥匙，压缩簧片后开锁。

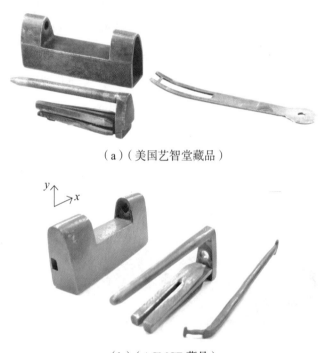

（a）（美国艺智堂藏品）

（b）（ACMCF 藏品）

图 9.4　倒拉锁

湖南迷宫锁除了有如第四章第二节介绍的类型之外，湖南地区的锁匠们运用自身良好的制锁技术，以及对于锁具尺寸设计的精确掌握，变化组合不同迷宫锁之钥匙插入锁孔的方式，开发设计出钥匙插入锁孔难度极高的复杂迷宫锁，这样的迷宫锁通常需要通过数次的旋转、滑行、平移等运动方式的结合，才能把钥匙头插入锁孔，如图9.5所示。这些锁的钥匙齿销是如此蜿蜒曲折，锁孔的形状又是这么错综多样，该用钥匙哪部分的齿销先插入锁孔的什么位置，之后又该如何旋转或滑动钥匙，应是相当令人困惑的问题。

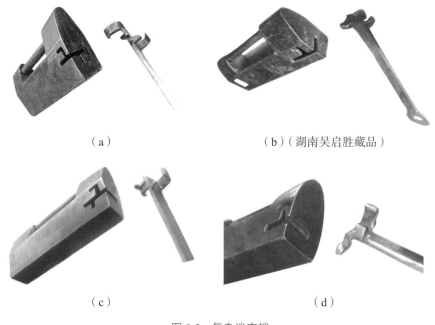

（a）　　　　　　　　　　　　（b）（湖南吴启胜藏品）

（c）　　　　　　　　　　　　（d）

图 9.5　复杂迷宫锁

　　湖南开放式锁孔的多段开启锁以两次插入锁居多，亦可细分为一钥匙一锁孔、两钥匙一锁孔、两钥匙两锁孔等三类。图9.6（a）所示为同一把钥匙以齿销先向下再向上插入锁孔后，分别压缩长簧片与短簧片，才能移出全部锁栓开锁。图9.6（b）则是锁孔分别位于锁体底部与端面的两锁孔锁，使用两把钥匙依序插入锁孔，分别压缩长、短两组簧片后，才能完成开锁步骤。图9.6（c）所示为一把三次插入锁，顶板开着湖南锁特有的两小孔特征，其中的虚线小孔只是障眼的小手段，不是真正的锁孔。开启时，如图所示依序将钥匙插入对应锁孔，分三段移出锁栓，完成开锁。

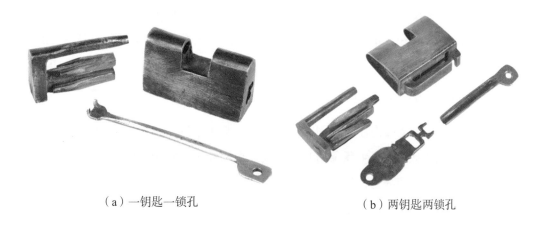

（a）一钥匙一锁孔　　　　　　　　（b）两钥匙两锁孔

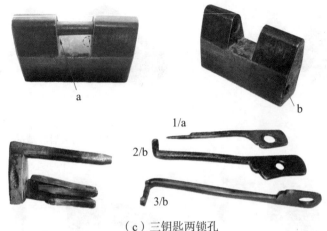

（c）三钥匙两锁孔

图 9.6　多段开启锁（ACMCF 藏品）

第三节　隐藏式锁孔锁

　　湖南锁匠前辈们运用精巧高妙的创作构想，结合不同的机关设计，创造出许多奇特的隐藏式锁孔锁，大幅提升了开锁的困难度及益智交流的效果，也增加了锁具本身的安全防护功能。此外，湖南隐藏式锁孔锁常在锁体刻上精美的文字图画或是加入钮、宝剑等装饰物，除了增加艺术美感之外，更可以成为开锁的第一条线索。根据第五章的分类方式，湖南隐藏锁孔锁涵盖了滑板（饰、钮）锁、压簧锁、插孔锁、转饰锁、扳底板锁等所有类型，其中又以滑板（饰、钮）锁与压簧锁的开启方式较多变化，以下特别介绍这两种类型，有关湖南的插孔锁、转饰锁、扳底板锁则可参考第五章的说明。

一、滑板（饰、钮）锁

　　以滑动挡板或装饰物作为开锁的第一步骤，常见于湖南机关锁的设计中，再借由加入其他机关模式，产生复杂的开锁方式。根据锁体上挡板或装饰物的位置，还可如第五章第一节细分为滑动底板、内端板、端板、前钮等四类。图9.7（a）所示为一把钥匙呈现中空状且为倒拉开启的滑动底部钮锁，这个底部可动钮卡住相邻的可动端板，使得可动端板将锁孔隐藏起来；此外，可动端板下方凸点与固定底板的凹处以榫卯方式相互固定，确保可动端板无法移动或旋转。此锁的特色是簧片的固定端连接在锁体底部，而不是锁梗上，簧片的张开端会卡住锁栓，形成闭锁状态，包含锁体、锁栓、端板、可动钮、簧片、钥匙等六机件。开启时，先将可动钮沿负x轴方向滑动，才可将可动端板沿负y轴方向滑动，使其凸点脱离底板凹处；第三步将可动端板以正x轴方向为轴旋转90°，才能发现锁孔；将钥匙齿销对准锁孔，沿负x轴方向插入锁孔至最底处后，旋转钥匙压缩簧片，再将钥匙倒拉取出锁栓，完成开锁，如图9.7（b）所示为其开锁过程。

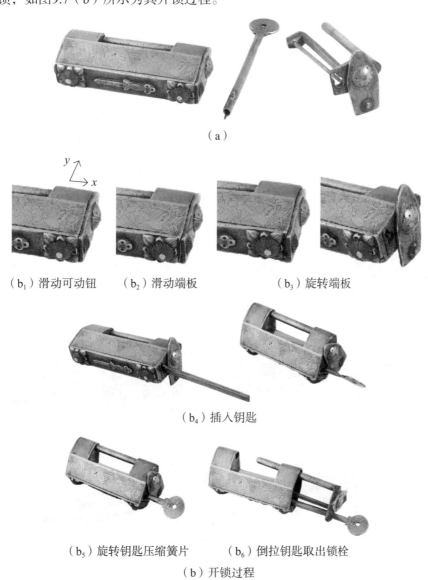

（a）

（b₁）滑动可动钮　（b₂）滑动端板　　　（b₃）旋转端板

（b₄）插入钥匙

（b₅）旋转钥匙压缩簧片　　（b₆）倒拉钥匙取出锁栓

（b）开锁过程

图 9.7　滑动底部钮锁（美国艺智堂藏品）

图9.8（a）所示为一把钥匙为中空状的上滑端板锁，这把锁左右各有端板，左端板可以移动，右端板固定，锁正面有一把宝剑，分成握把与剑身，锁孔位于剑身后方。可动端板上的凸点恰与握把的凸点及剑身三者紧密接触而无法移动，也因此将锁孔巧妙地隐藏起来。此锁亦为簧片固定端连接在锁体底部，借由簧片的张开端卡住锁栓，形成闭锁状态，包含锁体、锁栓、端板、握把、剑身、簧片及钥匙等七机件。开启时，先将可动端板沿正y轴方向滑动；才可将握把沿正x轴方向滑动，由于握把的移动，解除剑身的束缚，使得剑身因重力以负z方向为轴旋转，因此露出锁孔；第三步将钥匙齿销向左对准锁孔，沿正z方向插入锁孔；钥匙插入到最底处后，钥匙以负z方向为轴旋转90°后压缩簧片；移出部分锁栓后，因钥匙中空处插在锁梗上，会卡住锁栓的移动，须先将钥匙取出后，才能移出全部锁栓开锁，如图9.8（b）所示[19]。

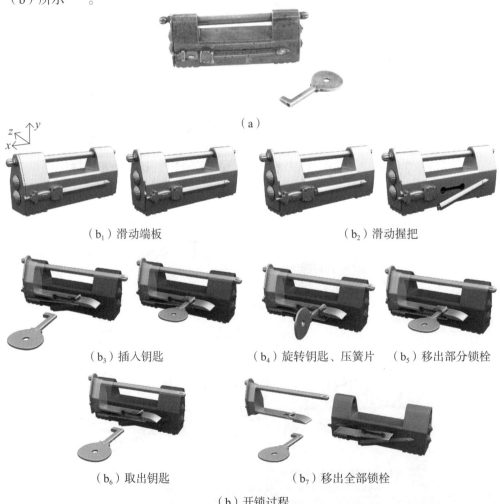

（a）

（b₁）滑动端板　　　　　　　　　　　（b₂）滑动握把

（b₃）插入钥匙　　　　（b₄）旋转钥匙、压簧片　　（b₅）移出部分锁栓

（b₆）取出钥匙　　　　　　（b₇）移出全部锁栓

（b）开锁过程

图9.8　上滑端板锁（美国艺智堂藏品）

图9.9（a）所示为另一款下滑端板锁，锁体雕刻着优雅的花草图样，底部设有可动底板，两边则是固定的装饰物，其中右边装饰物的缺口与端板的凸点相互卡住，恰好将位于端面与底板后方的两锁孔隐藏起来，包含锁体、锁栓、长簧片、短簧片、端板、底板、钥匙1、钥匙2等八机件。开启时，第一步骤下滑端板使其凸点与装饰物之缺口分离；第二步骤转动端板，发现锁孔a，详细开锁过程如图9.9（b）所示。

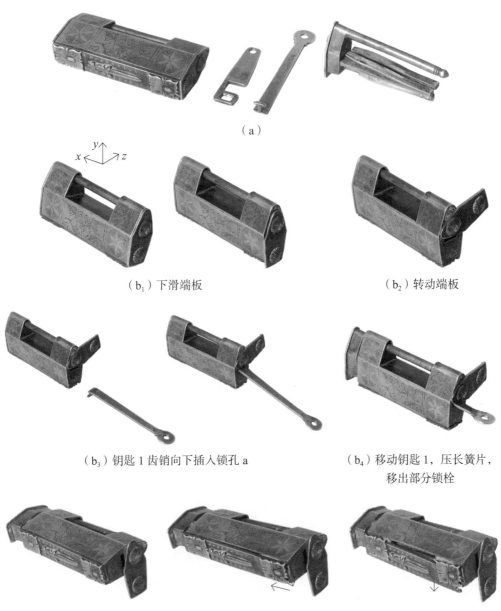

（a）

（b₁）下滑端板   （b₂）转动端板

（b₃）钥匙 1 齿销向下插入锁孔 a   （b₄）移动钥匙 1，压长簧片，
移出部分锁栓

（b₅）底板沿正 x 与正 z 方向移动、发现锁孔 b

（b₆）钥匙 2 齿销朝右插入锁孔 2

（b₇）旋转钥匙 2

（b₈）移动钥匙 2，压短簧片，移出全部锁栓

（b）开锁过程

图 9.9　下滑端板锁（美国艺智堂藏品）

二、压簧锁

图9.10（a）所示为一把钥匙可暗藏在锁体内的压簧锁，左右端面各设有两个装饰钮，其中一钮可动且连接长簧片，长簧片抵住锁体内墙，使得锁栓无法拉出，也使得底板无法转动并将钥匙与锁孔隐藏起来。该锁包含锁体、锁栓、底板、连接长簧片的可动钮、短簧片、钥匙等六机件。开启时，下压可动钮，才能拉出部分锁栓，方能转动底板，找到钥匙与锁孔；借由钥匙插入及移动，压缩短簧片后，移出全部锁栓开锁，如图9.10（b）所示。

（a）

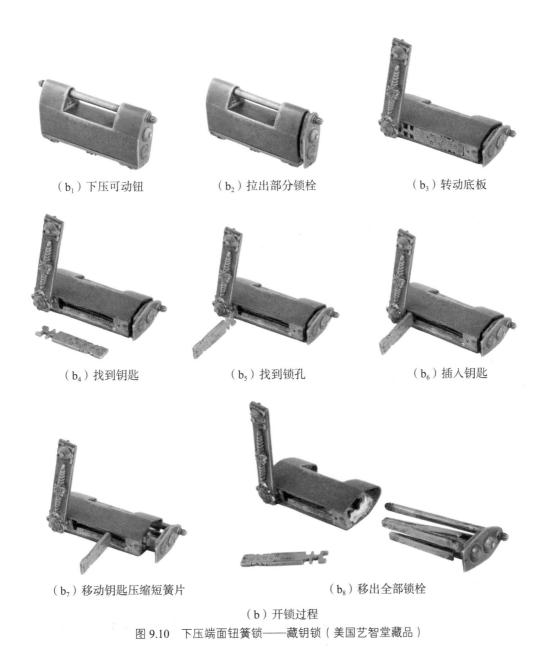

（b₁）下压可动钮　　　　　（b₂）拉出部分锁栓　　　　　（b₃）转动底板

（b₄）找到钥匙　　　　　（b₅）找到锁孔　　　　　（b₆）插入钥匙

（b₇）移动钥匙压缩短簧片　　　　　　（b₈）移出全部锁栓

（b）开锁过程

图 9.10　下压端面钮簧锁——藏钥锁（美国艺智堂藏品）

　　图9.11（a）所示为一把有着鲜明湖南锁特征的压簧锁，锁体一面刻有精美的花草图案，一面刻上"龙凤吉祥"的字样，并且设有一把装饰宝剑与六颗装饰钮，其中一颗位于端面的连结长簧片的可动钮1抵住内墙，使得锁栓无法移动；另有一颗位于底板的可动钮2，除了将底板上的锁孔a隐藏起来之外，亦阻止端板转动。底板的锁孔a后方有一小簧片抵住底板，使得底板无法移动，也限制了端板的转动，一起保护锁孔b不被轻易发现。该锁包含锁体、锁栓、底板、端板、连结长簧片的可

动钮1、可动钮2、短簧片、小簧片、钥匙1、钥匙2等十机件。开启时，下压可动钮1，拉出部分锁栓；将可动钮2沿负x轴方向移动，找出锁孔a；使用钥匙1插入锁孔a，压缩位于后方的小簧片，使得底板可以沿正x轴方向移动，发现部分锁孔b；由于可动钮2随着底板移动，使得端板可以转动，因此找出全部锁孔b；借由钥匙2插入、压缩短簧片，移出全部锁栓，完成开锁程序，如图9.11（b）所示。

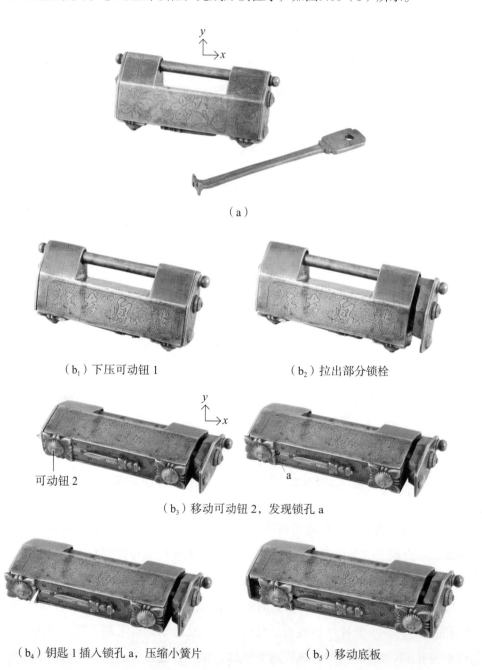

（a）

（b₁）下压可动钮 1　　　　　　　（b₂）拉出部分锁栓

可动钮 2

（b₃）移动可动钮 2，发现锁孔 a

（b₄）钥匙 1 插入锁孔 a，压缩小簧片　　　（b₅）移动底板

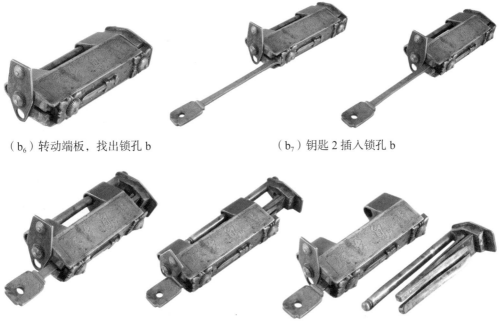

（b₆）转动端板，找出锁孔 b　　　　　（b₇）钥匙 2 插入锁孔 b

（b₈）压缩短簧片，移出全部锁栓，完成开锁
（b）开锁过程
图 9.11　下压端面钮簧锁——双钥匙（美国艺智堂藏品）

　　不同于常见的下压簧片锁，图9.12（a）所示为一把向上推压端面钮簧锁，左右端板各有两个装饰钮，一端板可转动，另一端板有一个可动钮连结内部的长簧片；可动底板有一凸点恰好插入可动端板内，形成相互固定的状态，并将两个锁孔隐藏起来，锁梗上设置长、中、短三簧片，借由长簧片与内墙接触，形成闭锁状态。该锁包含锁体、锁栓、端板、底板、连结长簧片可动钮、中簧片、短簧片、钥匙1、钥匙2等九机件。

　　开启时，第一步向上推动可动钮，使得长簧片与内墙分离；将锁栓沿正x轴方向移动至外侧；由于移出部分锁栓，底板才能沿正x轴与正z轴方向移动，发现锁孔b；底板移动后，端板才能转动，发现锁孔a。接着，将钥匙1以两次旋转插入锁孔a，之后以滑行方式压缩中簧片，再移出一部分锁栓；钥匙2以滑行方式插入锁孔b，再以旋转加滑行压缩短簧片，使短簧片与内墙分离后，锁栓可以完全移出，完成开锁程序，如图9.12（b）所示。[19]

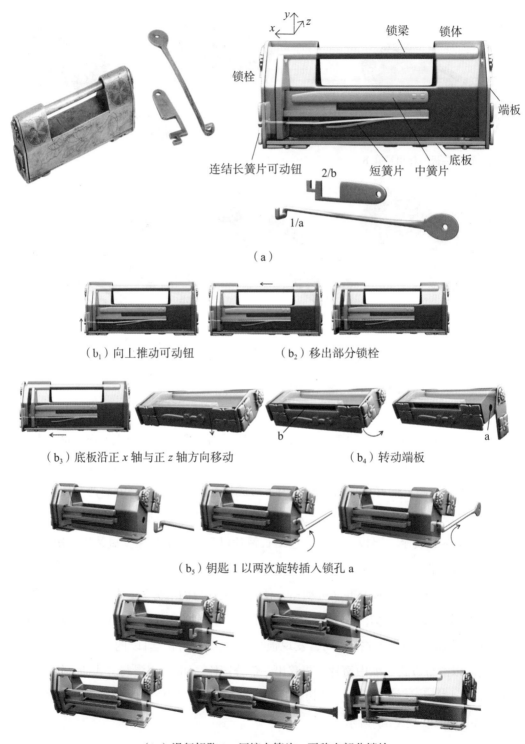

锁梁　锁体

锁栓

端板

连结长簧片可动钮　短簧片　中簧片　底板

2/b

1/a

（a）

（b₁）向上推动可动钮　（b₂）移出部分锁栓

（b₃）底板沿正 x 轴与正 z 轴方向移动　（b₄）转动端板

（b₅）钥匙 1 以两次旋转插入锁孔 a

（b₆）滑行钥匙 1、压缩中簧片，再移出部分锁栓

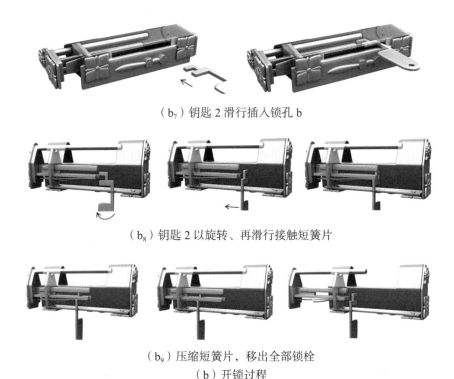

（b₇）钥匙 2 滑行插入锁孔 b

（b₈）钥匙 2 以旋转、再滑行接触短簧片

（b₉）压缩短簧片，移出全部锁栓
（b）开锁过程
图 9.12　上推端面钮簧锁（美国艺智堂藏品）

第四节　小结

　　优质的湖南锁总能吸引众人的目光，具有非常鲜明的标志与特征，除了常见的广锁外形，还有具特殊含义的花旗锁外形，主要有乐器锁、器具锁及各种造型的动物锁，这些花旗锁常会结合外形的象征意义或文字谐音，让锁具富含更多寓意及对未来的期许。再者，湖南匠人们的造锁工艺相当高明，这样优良的技术也反映在湖南锁的质量上，开创出独树一格的湖南特色锁。此外，湖南地区的隐藏锁孔锁常会结合两种以上机关形式，这样的综合机关锁除了可以提升开锁的难度，是安全性极高的实用锁具之外，也因为开启过程需要耗费许多脑力与时间，亦是亲朋好友分享交流、体验把玩的益智游戏设备。本章简要介绍湖南锁的历史发展背景、锁具特征

与类型，分析了锁具构造及其开锁过程，提供了相关资料供有兴趣的藏家与学者研究参考。

　　湖南地区出产的锁具主要以黄铜锁为主，另有小部分的白铜锁，除了常见的簧片锁类型之外，也有以牛尾为名的组合锁。本章介绍了14把湖南地区的花旗锁，包含2把牛尾锁、3把乐器锁、1把太极形象锁、8把不同外形的动物锁。湖南开放锁孔锁可以分为没有机关的一般锁、倒拉锁、迷宫锁、多段开启锁等四类，其中的复杂迷宫锁是湖南地区特有形式，主要特色是钥匙插入锁孔具有很高的困难度，本章共探讨2把一般锁、2把倒拉锁、4把复杂迷宫锁、3把多段开启锁。隐藏锁孔锁亦是湖南地区具有代表性的锁具类型，涵盖了滑板（饰、钮）锁、压簧锁、插孔锁、转饰锁、扳底板锁等类型，本章特别介绍开启方式奇特的滑板（饰、钮）锁与压簧锁两类，分析了1把滑动底部钮锁、1把上推端板锁、1把下滑端板锁、2把下压端钮簧锁、1把上推端钮簧锁的机械构造与开锁过程。

第十章

传统锁具的衍生应用

随着科技不断进步，现代锁具产业快速发展，那些曾经扮演保护人们生命安全、守卫财富与珍奇宝物、固守私人秘密与情怀的古老传统锁具，慢慢从日常使用的重要物品，逐渐失去光芒而退居幕后。借由相关单位与有心人士的极力保存，让这些曾经在社会文化发展占有一席之地的传统锁具，被妥善保留下来。本章从博物馆的角度及其赋予的社会功能，说明传统锁具通过博物馆的收藏与研究后，进行系统化的诠释与转化，相关成果应用于博物馆的展示、科普教育、文创商品与教具开发等主题，让这些富有传统工艺技术与民俗文化意涵的文物，可以充分发挥其衍生的价值，以全新的样貌再度引起世人的关注。

第一节　展示

国际博物馆协会（International Council of Museums，简称ICOM）将博物馆定义为：为社会及其发展服务的非营利之永久性机构，以收藏、保存、研究关于人类及其环境见证物为其基本职责，以便向公众开放，提供学习、教育、欣赏的机会。（a non-profit, permanent institution in the service of society and its development, open to the public, which acquires, conserves, researches, communicates and exhibits the tangible and intangible heritage of humanity and its environment for the purposes of education, study and enjoyment.）。[40]。因此，博物馆的使命是集收藏、研究、展览及教育功能于一体，向公众传递有关人类宝贵遗产的信息。

　　位于高雄的科学工艺博物馆（简称科工馆）是台湾最大的应用科学博物馆，以研究、收藏、展示各项科技主题及推广社会科技教育为主要功能，介绍重要科技发展及其对人类生活的影响。由于锁与钥匙具备"科技生活化、生活科技化"的特性，科工馆特将锁具定为长期发展的主题，中国传统锁具更是科工馆藏品的一大亮点，其中又以簧片锁为主要的收藏类别。通过对传统锁具的机械构造和历史发展的深入研究，并强调锁具与生活的关系之后，科工馆于2012年开设了"适得其锁——锁具特展"，共分为导入区、锁具的起源、古代锁具、近代锁具、现代锁具与生活、锁具新发明、锁具制造、结语等八个展区，展示内容包含了锁具的历史发展、古今中外锁具的设计原理与类型探讨、提供动手体验的锁具互动模型、展示锁具内部构造与设计原理的计算机视频、锁具制造与产业发展等主题，并在2013年转化为锁具常设展，提供人们了解锁具历史文化的场域，使其亲近锁具藏品并领略古老锁具之美，如图10.1所示。

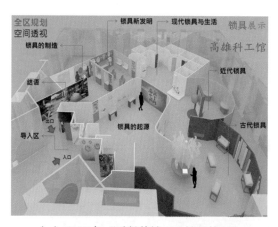

（a）2012年"适得其锁——锁具特展"

（b）锁具常设展

图 10.1　科工馆锁具展

　　科工馆自策的锁具展内含丰富的图文说明，呈现锁具的原理与沿革，有趣的互动展品，让人轻松了解各式各样锁具的操作方式，精彩的古锁文物更是让人大开眼界，这个特别的展览促进了科工馆与各地博物馆的合作，是科工馆重要的外出交流展览之一，除了在2014年6月—2015年1月，与澳门科学馆合作举办"识得其锁——锁具特展"之外，后续亦在安阳博物馆于2016年5月18日—2017年1月31日举办"无'锁'不在——锁具文化图片展"。此外，山西省民俗博物馆、晋城博物馆、大同市博物馆等3所博物馆则是自2016年8月—12月进行"'无锁不谈'两岸合作交流巡回展"，展示的古锁文物除了山西省民俗博物馆的馆藏品之外，更征集了山西秦永刚、沈阳王喜全、北京沈志军、江西熊文义等收藏家的精美珍贵锁具，大幅提升展品的可看性与精彩性，更是展现博物馆与人民群众合作、进行社会征集的具体成功案例。

（a）澳门科学馆

（b）安阳博物馆

（c）山西省民俗博物馆

（d）晋城博物馆

（e）大同市博物馆

图 10.2　锁具交流展

再者，锁与钥匙具有禁锢（封闭）及释放（自由）的象征意义，与当下流行的密室逃脱实体游戏有极大的关联性。因此，若能通过适当的故事情节安排，将机关锁的主题设计在游戏的闯关关卡中，除了增加游戏关卡的趣味性与复杂性之外，更可以让闯关的人们融入在游戏的情境，动手体验开锁与玩锁的乐趣，通过游戏过程学习古锁相关的文化与科学原理，培养团队合作精神与态度。图10.3所示为科工馆于2020年开发设计的锁具结合密室逃脱的两款实体游戏，根据闯关者的年龄及关卡的困难度，分为体验版的"浩劫逃脱计划"及进阶版的"古墓寻宝"两款主题模式，每一主题都有三个游戏关卡，每个关卡配合不同锁具，以解锁、解题取得提示信息等方式交叉进行，让人们从游戏闯关的过程中，体验特别的开锁感受。

（a）外观　　　　　　　　　　　（b）观众闯关

图 10.3　锁具密室逃脱

第二节　科普教育

锁与钥匙的组合是人类文化历史发展中的一项辉煌发明，涉及大量的科学技术与知识文化，因此，锁具除了在博物馆进行展示之外，亦可办理不同类型与设计原理的锁具教育课程。科工馆自2013年后，投入锁具科普教育课程之教案与教具的开发设计，在假日期间举办动手做与开锁竞赛的营队课程，其主要目的是希望通过课程讲解、参观锁具展、实际动手组装锁具等课程的安排，让学员在探索的过程中，建立对锁具机械构造的认识，提升探索锁具的兴趣，了解锁具的历史文化意义，进而能学习锁具制作的智慧巧思与创意设计。图10.4所示为栓销制栓锁（耶鲁锁）课程照片。

（a）课程讲解

（b）参观锁具展

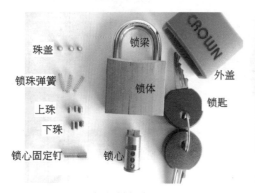

（c）材料介绍

（d）动手组装

图 10.4　锁具科普课程

　　古锁的历史发展、文化艺术之美、构造原理的巧妙设计，可以通过博物馆的展示与教普课程，进行介绍与推广。然而，这样的模式大多只能局限在博物馆的场域中，因此，作者将基础研究的成果转化为科普化知识内容，并与台湾"创艺天时科技股份有限公司（ARNOS，简称创艺天时）"合作，结合了富含创意性的动物或特殊造型，发展出兼具科学玩具特质之DIY（自己动手）锁具商品教具，除了可以在博物馆及相关学校授课推广之外，更可以通过实体店面与网络商城的营销出售，成为亲子共游共玩互动学习的优质教具，创造出实际的经济效应及提高学习的效果。

　　STEAM教育（Science，Technology，Engineering，Art，and Mathematics）和创客（Maker）是通过结合科学、技术、工程、艺术、数学的跨学科教学方法，让学生通过亲手操作的过程，学习科学和技术的内涵，并在多元发展下，培养出跨界沟通的能力[41]。自2018年起，科工馆与创艺天时联名推出具有古锁原理意涵的DIY锁具商品，通过组装的过程，不但可以训练学生逻辑、空间与视图能力，并且在说明书中可以学习到锁具的科学原理与历史发展，更重要的是动手做、做中学、手到眼到心到的学习方式，搭配操作手册与说明书之文字和图像的辅助，解决了学员在操作中产生的问题并提供答案，提高了自主学习的乐趣与效率。锁具DIY教具推广活动及相关产品如图10.5所示；其中，猫头鹰百宝盒参加由国际博协科技博物馆专业委员会（ICOM-CIMUSET）与中国科技馆（CSTM）共同主办的第二届中国国际科普作品大赛（The 2nd China International Contest of Popular Science Works），在世界各国共计176件参赛作品中脱颖而出，获得二等奖。

（a）学校推广　　　　　　　　　　　　（b）媒体采访

（c）猫头鹰百宝盒（以组合锁原理设计开发）

（d）魔幻老屋零钱自动分类存钱筒（以木栓锁原理设计开发）

（e）火车簧片锁

（f）恐龙凸块锁

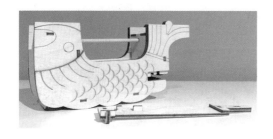

（g）鱼形迷宫锁

（h）火车迷宫锁

（i）火车插孔迷宫锁

（j）火车隐藏插孔迷宫锁

图 10.5　锁具 DIY 教具

　　除了以科普课程的形式在博物馆与学校推广之外，亦可以通过专题演讲或是讲座的方式进行锁具科学普及教育。例如，在2016年山西巡回展期间，邀请台湾成功大学颜鸿森教授进行专题演讲，亦办理多场锁具科普教育活动，由作者亲自讲授，发挥将锁具展览送入学校与小区的理念，建立交流学习的平台，如图10.6（a–b）所示。

　　研讨会与科学博览会是学界、产业界、学生及人民群众之间相互交流讨论的平台，借由参与过程进行报告或是展品体验，除了可以增加研究主题的曝光机会，亦可创造可能的合作契机。例如，2018年8月作者出席由美国机械工程学会

（a）颜教授讲座题目《古早中国锁的收藏与研究》

（b）校园科普演讲题目《探索中国古代锁具》

（c）2018 年 ASME 教学坊（加拿大魁北克）

（d）第八届土耳其航空科学博览会　　　　（e）第 25 届国际博物馆协会（ICOM）年会
　　　　（布沙市）　　　　　　　　　　　　　　（日本京都）

图 10.6　锁具讲座与体验推广

主办的2018年设计工程技术暨计算机及资讯工程研讨会议 IDETC/CIE 2018（The ASME 2018 International Design Engineering Technical Conferences and Computer in Engineering Conference），该会议是全世界有关机械设计最重要的国际研讨会之一）。并于8月26日与科工馆同仁（林建良博士与李佳芬女士）及颜鸿森教授研究团队陈羽熏博士（现任台湾科技大学机械工程系助理教授）共同开设"Decoding the Lost and Incomplete Ancient Mechanisms and Machines"（解密失传与不完整的古机构与机器）教学坊，系统化介绍科工馆锁具与古机械的研究历程，说明研究成果如何应用在博物馆的展示教育与科教推广。借由教学坊的报告与交流讨论，介绍科工馆的锁具展与典藏文物，如图10.6（c）所示。另外，科工馆以馆藏机关锁之复制模型，参加科学博览会并举办传统锁具演示与动手体验相关活动，亦获得众多参与者的好评，赞叹中国传统机关锁的巧妙设计。通过活动的进行，将古人的工艺与智慧推广到世界其他地区，如图10.6（d-e）所示。

第三节　文创商品开发

锁具是日常生活中随处可见的安全装置，虽然是常见民用品，但在东西方社会悠久的发展过程中，已经延伸出多种文化意涵与民俗风情的象征意义。例如，古时候，有些地区为了庆贺家族中的新生儿诞生，会众人集资特制一把锁或锁片，又称"百家锁"或"百家保锁"，供幼儿佩戴或放置床边，用以象征锁住平安，期许小孩可以健康长大。当小孩年满12周岁时，还会举办开锁礼，将他满月或百日时戴的锁或锁片摘去，代表孩子已经长大成人，而这样的风俗习惯仍然流传至今。又如唐朝时期，有带钥匙出门的女子象征已婚，未婚女子是不能带着钥匙出门，锁具摆脱了原有的功能性，而以另一种含义传达特定的讯息。在西方，钥匙是权力与尊贵的象征，借由锁具的形象表达某种权威的宣示，如象征拥有可以自由进出城市的钥匙——市钥，用于赠予贵宾以示友谊与尊重之意；此外，古罗马时期，男子与女子结婚时，丈夫会把家里的钥匙交给妻子（当时的钥匙常做成戒指的形式），慢慢演变成现今结婚新人双方互戴婚戒期许共度一生的文化。再者，古人会把对于现今的愿望及未来的期许，借由文字刻于锁体上，如金玉满堂、百年好合、花好月圆、状元及第、五子登科、五子三元、福如东海、五世其昌、百子千孙等，鲜明地反映出人们心中的盼望并传递讯息，展现出中国特有的文化风俗与民族语言。

博物馆文创商品是依托博物馆馆藏文化资源，通过设计创意转化，以文化为核心内容，兼具实用性、审美性、教育性特征的各种形式的产品，包括有形的产品（文具、生活用品等）和无形的产品（创意视频、游戏等）两类。由于锁具富含历史文化与特殊象征含义，因此，自2013年，作者开始通过锁具文化含义的提取及对其机械构造的研究，并与创艺天时合作进行博物馆元素之锁具文创商品转化设计，借由这些承载着工艺技术与民俗文化的锁具商品，通过博物馆商店及相关网络途径，以实用与可流通性的特质，让人们产生消费的满足感，激发访客的兴趣和热情，并让访客带回对博物馆的记忆。主要开发的锁具文创商品有两大类型，第一类是加入吉祥寓意的仿制机关锁，如图10.7（a-e）所示，第二类则是具有特殊外形的花旗机关锁，如图10.7（f-h）所示，这些锁具文创商品皆可在锁体或是锁栓上，以激光雕刻的方式刻上特定文字或图形，个性化的方式满足人民的需求。再者，亦有提取传统锁具的形象与外形，开发设计极具实用性的用品，将锁具的文化特征融入日常生活中，如图10.7（i-k）所示为科工馆开发的"状元及第"U盘及其他公司开发的锁具印象产品。其中，迷宫锁、"猪事圆满"锁、"运财吉气"锁等3款商品获得第二届中国国际科普作品大赛三等奖。

（a）倒拉锁

（b）迷宫锁

（c）百家机关锁（插孔锁）

（d）下压端面钮簧锁

（e）挤梁锁　　　　　　　　　　（f）"猪事圆满"锁（挤梁锁）

（g）"运财吉气"锁（迷宫锁）　　　（h）"财运奔腾"锁（两段开启锁）

（i）"状元及第"U盘

（j）口红　　　　　　　　　　　（k）冰箱贴

图 10.7　锁具文创商品

第四节　结论

　　锁具可以反映经济与社会文化的发展，展现科技与工艺技术的水平，更是人类生活中不可或缺的必需品，然而，一般社会大众对于与生活息息相关的锁具，仍是一知半解。再者，锁具的长久发展历程中，衍生出多种形式的民俗意涵与特定象征，是前人流传的珍贵传统文化记忆，因此，科工馆发挥特有的功能与角色，经由搜藏具有历史文化的锁具文物，通过系统化的深入研究，设计互动活泼又兼具知识性与趣味性的锁具展示内容，配合时下流行的密室逃脱游戏模式，规划课程丰富多样且动手组装操作的科教活动，开发富含传统锁具设计原理与文化意涵的DIY锁具教具及文创商品，让访客可以通过不同的方式，更加了解锁具的发展与相关知识，从而激发其创造力与想象力，研究设计出更安全的锁与钥匙，并期许可以提取前人的智慧与经验，温故知新且古为今用地开发设计出更多富含创意的实用发明。

　　最后，中国现存的许多传统工艺与珍贵物品，由于快速的社会变迁及日新月异的科技演进，或多或少也存在着保存不易甚至是面临失传的危机，高雄科工馆对于中国传统锁具的诠释与推广方式，提供了一个具体且实用的案例，说明传统工艺与文物如何经由收藏和研究，转化基础研究成果，借由博物馆的场域及其功能与任务，让这些具有传统文化内涵及承载优良技艺的传统文物，可以用另一种样貌延续新生命再度发光发热。

参考文献

［1］颜鸿森. 古早中国锁具之美：遗落的国家保藏［M］. 海口：海南出版社，2019.

［2］雷彼得，张卫，刘念. 趣玩Ⅱ：中国传世智巧器具［M］. 北京：生活·读书·新知三联书店，2021.

［3］NEEDHAM J. Science and Civilization in China: Vol. 4, Part2［M］. Cambridge: Cambridge University Press, 1965.

［4］黄馨慧. 古中国簧片挂锁之构造设计［D］. 台南：成功大学，2004.

［5］SHI K, HSIAO K H, ZHAO Y, et al. Structural Analysis of Ancient Chinese Wooden Locks［J］. Mechanism and Machine Theory, 2020（146）：1-13.

［6］颜鸿森，李如菁，SCHNEIDER R. 锁与钥匙二千年特展专辑［M］. 高雄：科学工艺博物馆，2000.

［7］萧国鸿，黄馨慧，颜鸿森. 喇叭锁的前世今生［J］. 科学发展，2012（474）：20-25.

［8］萧国鸿，安海，熊文义，等. 古中国的木锁［J］. 科技博物，2016，20（3）：41-54.

［9］YAN H S. On the Characteristics of Ancient Chinese Locks［C］// Proceedings of the First China-Japan International Conference on History of Mechanical Technology. BeiJing, 1998：215-220.

［10］YAN H S, HUANG H H. On the Spring Configurations of Ancient Chinese Locks［C］// Proceedings of 2000 HMM International Symposium on History of Machines and Mechanisms. Casino: Kluwer Academic Publishers, 2000：87-92.

［11］YAN H S, HUANG H H. Design Considerations of Ancient Chinese Padlocks with Spring Mechanisms［J］. Mechanism and Machine Theory, 2004（39）：797-810.

［12］SHI K, ZHANG Y, LIN J L, et al. Ancient Chinese Maze Locks［J］. T. Can. Soc. Mech. Eng., 2017, 41（3）：433-441.

［13］HSIAO K H. On the Structural Analysis of Open-keyhole Puzzle Locks in Ancient China［J］. Mechanism and Machine Theory, 2017（118）：168-179.

［14］HSIAO K H. Structural Analysis of Traditional Chinese Hidden-keyhole Padlocks［J］. Mechanical Sciences, 2018（9）：189-199.

［15］HSIAO K H, ZHANG Y, SHI K, et al. Ancient Chinese Puzzle Locks［C］// KUO CH, LIN PC, ESSOMBA T, et al. Robotics and Mechatronics. Switzerland: Springer, 2019:494-501.

［16］ZHANG Y, WANG HT, LIN JL, et al. Structural Analysis of Traditional Chinese Blocked-keyhole Locks［J］. Mechanical Sciences, 2022（13）：791-802.

［17］ZHANG Y, HSIAO K H. Traditional Chinese Yuekou Locks［J］. Mechanical Sciences, 2020（11）：411-423.

［18］HSIAO K H, ZHANG Y, LIN J L, et al. A Study on Ancient Chinese Shanxi Locks［C］// TADEUSZ U. Advances in Mechanism and Machine Science. Switzerland: Springer, 2019:1179-1186.

［19］SHI K, WANG MJ, ZHANG Y, et al. Structural Analysis of Traditional Chinese Complex Puzzle Locks［J］. Scientific Reports, 2022（12）：11237.

［20］颜鸿森，吴隆庸. 机械原理［M］. 于靖军，韩建友，郭卫东，审校. 北京：机械工业出版社，2020.

［21］SMITH A H. A Guide to the Exhibition Illustrating Greek and Rome Life［M］. London: British Museum Trustees, 1920.

［22］周汉春，赵军，刘宗涛，等. 中国古锁图谱［M］. 沈阳：辽宁大学出版社，2014.

［23］CLARKE D. The Illustrated Science and Invention Encyclopedia: Vol 11［M］. New York: H.S. Stuttman Co, 1977:1389.

［24］RIVERS P, LANE A H. On the Development and Distribution of Primitive Locks and Keys［M］. London: Chatto & Windus, 1883.

［25］POTTS D T. Lock and Key in Ancient Mesopotamia［M］// GULLINI G.

Mesopotamia. Torino: Università Di Torino, 1990:186.

［26］HOMMEL R P. China at Work: An Illustrated Record of the Primitive Industries of China's Masses, Whose Life is Toil, and thus an Account of Chinese Civilization［M］. New York: John Day Company, 1937.

［27］DIELS H. Antike Technik［M］. Berlin: Leipzig, Teubner, 1920.

［28］PALL M. Keys and Locks［M］. Graz: Schell Collection, 2012.

［29］LIGER F. La ferronnerie ancienne et moderne : ou, Monographie du fer et de la serrurerie: Vol 1［M］. Paris: Chez l'Auteur, 1875.

［30］LIGER F. La ferronnerie ancienne et moderne: ou, Monographie du fer et de la serrurerie: Vol 2［M］. Paris: Chez l'Auteur, 1875.

［31］PALL M. The European Padlock［M］. Graz: Schell Collection, 2009.

［32］秦俑坑考古队. 临潼郑庄秦石料加工场遗址调查报告［J］. 考古与文物, 1981（1）: 39-43.

［33］华道安. 中国古代钢铁技术史［M］. 李玉牛, 译. 成都: 四川人民出版社, 2018.

［34］王洪铠. 锁匠［M］. 台北: 徐氏基金会, 2004.

［35］AI-JAZARI. The Book of Knowledge of Ingenious Mechanical Devices［M］. HILL D R, trans. Islamabad: Pakistan Hijra Council, 1989.

［36］"中国地方志集成"编辑工作委员会. 乾隆天门县志［M］// 中国地方志集成: 湖北府县志辑: 第44卷. 南京: 江苏古籍出版社, 2001.

［37］湖北省地方志编纂委员会. 湖北省志［M］. 武汉: 湖北人民出版社, 1995.

［38］岳口镇人民政府地方志办公室. 岳口镇志［S］. 岳口: 岳口镇人民政府地方志办公室, 1990.

［39］乔志强. 山西制铁史［M］. 太原: 山西人民出版社, 1978.

［40］International Council of Museums. Museum Definition［EB/OL］.（2022-02-16）［2022-02-17］. https://icom.museum/en/resources/standards-guidelines/museum-definition/.

［41］叶栢维. STEAM理论融入高中科技实作活动设计——以手机号角音箱设计为例［J］. 科技与人力教育季刊, 2017, 4（2）: 1-20.